「食」の図書館

スパイスの歴史

SPICES: A GLOBAL HISTORY

FRED CZARRA
フレッド・ツァラ【著】
竹田円【訳】

原書房

目次

序章　スパイスとはなんだろう？　7
シナモン　10
クローブ　13
トウガラシ　16
ナツメグとメース　18
コショウ　20
第1章　古代のスパイス　22
シナモン　24
カシア　27
クローブ　28
ローマ帝国のスパイス　30
中国のコショウとその他のスパイス　37

トウガラシ　41

第2章　中世のスパイス　43

イスラム世界のスパイス・ネットワーク　45
ユダヤ人商人　47
十字軍──「東」の発見　51
中世ヨーロッパの食と医を支えたスパイス　53
ヴェネツィアとジェノヴァ　58
楽園と経済とスパイス　62
マルコ・ポーロ　65
イブン・バットゥータ　67

第3章　大発見時代　71

ポルトガルが東に進出する　75
スペインが東と西を結ぶ　86
オランダが競争に加わり、覇権を握る　90
イギリス対オランダ　99

異文化の一極集中　106
中国人の役割　107
フランスとデンマークが登場する　109
東のスパイスは西へ　113
トウガラシ——もっとも旅に強いスパイス　114
スパイス、西へ移住する　120

第4章　産業化の時代　124

イギリスはスパイス世界を拡大する　125
フランスがクローブを移植する　131
クローブと奴隷　133
スパイス貿易に与えたアメリカの衝撃　135
スパイス、混ぜものをされる　143
スパイスは世界へ　145

第5章　20世紀以降　147

スパイス帝国におけるマコーミックの台頭　149

国際的なスパイス貿易グループ　154
スパイス世界が抱える現代の問題　156
オーガニックスパイスとフェアトレード　158
スパイスと健康　161
スパイス、文化と歴史　162
スパイスは世界へ　164

謝辞　169
訳者あとがき　170
写真ならびに図版への謝辞　174
参考文献　180
用語集　187

［……］は翻訳者による注記である。

序章◉スパイスとはなんだろう？

ペパーコーン、おまえには秘密を自白させる力がある。
ペパーコーン、わたしが必要としているとき、おまえはどこにいるの？
——『スパイスの女王』チットラ・バネルジー・ディヴァカルニー

人はしばしば、スパイスと、スパイスにまつわる異国の土地や人々の魅惑の物語に息をのむ。ところがその一方で、かつては非常に珍重されたこの商品の歴史的背景や、その周囲に発達した香辛料貿易の重要性をあっさり見逃してしまう。スパイスはいくつかの理由から歴史的に重要だ。まず大局的に見て、スパイスは西と東と南のさまざまな文化をひとつに結び付けた。これらの出会いの中には喜ばしい友好的なものもあれば、有害な、悲惨とさえ呼べるものもあった。次にスパイス貿易は、最初のグローバル時代と経済のグローバル化の幕開けに起爆剤の役割を果たした。これによってある地域の動きが、はるか遠くの別の大陸の人や出来事に大きな影響を与えるようになった。さらにスパイスは、人々の食習慣を永遠に変えた。スパイス貿易によって未知の食文化に触れた人々は、これまでと違う方法で食べものを調理し、食べ、味わうようになった。

　スパイスと、世界をめぐるスパイスの旅は、あらたな伝説をつくり出すと同時に、古くから伝わる多くの言い伝えや誤解を補強した。スパイスによって人は世界に関するあらたな情報を求めるようになり、その知識のおかげで地図製作術、科学、海運術が飛躍的に進歩し、異文化間の基本的認識も育まれた。同時に国どうしの競争も生まれ、それによって一部の国には経済的繁栄がもたらされたが、彼らが遭遇した地域の人々や文化には多大な損害を与えることにもなった。

　南アジアや東アジアには、ヨーロッパ人がやってくるはるか昔からスパイスの長い歴史があった。古代には、旧世界にもたらされるスパイスにはかぎりがあったため、本物のスパイスを知っていたのはわずかな国の人々だけだった。見たこともない世界からやってくるスパイスの噂を聞いたり、スパイスをほんのちょっとなめてみたり、そんな経験から数々の伝説や物語が誕生し――多くはとんでもないほら話だったが――こうした異国の土地や人々に対する誤解が煽られた。こうした物語はときとして宗教や楽園のイメージ、また天国のような土地があるはずの場所と結び付けられた。スパイスによって、シナモンのような異国の植物は楽園の手がかりなのだという考えも生まれた。

　ひとたびヨーロッパとアジアが出会うと、コショウなどの現実のスパイスが、原産地から直接、日常的に運び込まれるようになった。これらのスパイスには高値がつき、莫大な富をもたらした。さらにこのあらたな商品の噂が広がると、貴重な品物と富の両方を手に入れようと国と国とが激しく競争するようになった。

近年、スパイスに関するすぐれた著作が続々と出版されている。たとえば『スパイス戦争――大航海時代の冒険者たち』（ジャイルズ・ミルトン著。松浦伶訳。朝日新聞出版）、『エデンの香り *The Scents of Eden*』、『スパイス――誘惑の歴史 *Spice: The History of a Temptation*』、『スパイス・ルート *The Spice Route*』、『スパイスの人類史』（アンドリュー・ドルビー著。樋口幸子訳。原書房）、『征服の味――スパイス三大都市の栄枯盛衰 *The Taste of Conquest*』、『東より――スパイスと中世の想像力 *Out of the East: Spices and the Medieval Imagination*』など。これらの本は、スパイスとその伝承についてさまざまな検証を試みている。ほとんどの作品が、スパイスに関する独自の視点を提示し、古代、中世初期、そして異国の高価な商品をめぐって西ヨーロッパの国々が熾烈な戦いをくり広げた16世紀から19世紀の香辛料貿易に多くのページを割いている。こういった時代は書き手にとって非常に魅力的だが、現代のスパイスの物語にも掘り下げるべき点はある。

本書『スパイスの歴史』は、古代から現代に及ぶ広い範囲に万遍なく目を向けている。5章から成り、各章でそれぞれ古代、中世、大発見時代、産業化時代、そして、最後に20世紀とそれ以降にまたがるグローバル化の時代をくわしく取り上げる。本書では、スパイスの物語《サーガ》に関するさまざまな、ときには矛盾した見解も紹介しよう。同時に、世界各地の文化が暮らしの中でスパイスをどうとらえ、利用してきたかにも目を向ける。そういった意味で本書は「グローバルな歴史」になるだろう。巻末には、スパイスの歴史とスパイス自体に関する厖大な参考文献目録も掲載する。

スパイスとはなんだろう？　スパイスは一般に、熱帯植物の根、樹皮、花、種子などの芳香のある部分と定義される。バニラ、トウガラシ、オールスパイスなどの例外を除き、ほぼすべてのスパイスはアジアが原産地。乳香《にゅうこう》や没薬《もつやく》のように香料としてのみ用いられるものもある。スパイスとハーブを同じものとみなす考えもあるが、それは間違いだ。ハーブの多くは木茎《もっけい》を持たない一、二年生植物で、葉を加工して薬用や調味用とする。

それではまず、本書の要である5つのスパイスをご紹介しよう。「プレミア・スパイス」とも呼ばれるこの5つのスパイスは、数々の伝説、世界を股にかけた探索、そして香辛料貿易を過熱させた経済競争の主役だった。

世界にはたくさんのスパイスとスパイスミックスがあるが、本書では、もっとも重要な5つのスパイス、シナモン、クローブ、黒コショウ、ナツメグ、トウガラシに注目しよう。この5つのスパイスが発見され、取引され、利用されてきた経緯を詳《つまび》らかにすることにより、古代から現代まで、スパイスが世界をどう移動し、世界史上どのような役割を果たしてきたかもあきらかになるだろう。ほかのスパイス（カルダモン、ショウガ、ターメリックなど）にも簡単に触れるが、なんといってもこのプレミアファイブが香辛料貿易の価値基準——そしてもちろん、船乗りや商人たちの生活がかかっていた黄金の山やその他の富——をもたらした。

◉シナモン

シナモン（学名 *Cinnamomum verum, C. zeylanicum*）は、ギリシア語の「スパイス」という意味の言葉と、「中国の」という接頭辞に由来する。さらにそのギリシア語の起源は、フェニキア人――アラブ人が支配していた東の隊商路《キャラバンルート》の積み荷を船で運んでいたと言われる――の言葉だった。シナモンとカシアについては旧約聖書、サンスクリット語の文献、古代ギリシアの医書にも言及が見られる。シナモンの原産地はスリランカ（旧セイロン）という島国で、かつて首都だったコロンボの南沿岸平野部にいまも生育している。

シナモンはクスノキ科の常緑樹の樹皮から作られる。褐色または淡褐色の樹皮を丸めて乾燥させると、筒状のシナモンスティックになる。苗木は親指ほどの太さの木が密集した木立で生育する。雨季のあいだに若芽を元から切り落として皮をむく。農家の人々が樹皮を紙のように薄くむいて、約1メートルの長さの筒に丸めていく手際はじつにあざやかだ。これを天日で乾燥させる。色が薄いものほど品質がよい。甘い木のような香りと、クローブやかんきつ類のようなさわやかな風味がある。シナモンはオイゲノールと呼ばれる油によってカシアと区別される。すぐに風味が飛んでしまうので、少量ずつ購入しなければならない。ただし、スティック状のものを密閉容器で保存すれば数年間もつ。

シナモンはさまざまなデザートやケーキやパンによく合う。リンゴ、バナナ、西洋ナシとも相性がよく、とくにチョコレートにぴったり。バナナをバターで炒めてラム酒をちょっと垂らしてからシナモンを振りかけたり、アップルパイに入れたりしてもおいしい。インドでは肉の風味づけに用いたり、ほかのスパイスと一緒にマサラ［さまざまなスパイスを粉状にして混ぜ合わせたもの］やチャ

シナモン *Laurus cinnamomum*

ツネ［野菜や果物にスパイスを入れて煮込んだり、漬け込んだりしてつくるペースト状の調味料］に入れたりする。モロッコではラム料理やチキン料理に用いられる。シナモン（とくにスリランカ産）はアルコール産業にも需要があり、たくさんのリキュールやビター［ホップの利いたビールの一種］にシナモンが入っている。精油はカシアやシナモンの廃棄物から作られる。

古くから、セイロン島はシナモンを輸出していた。ヨーロッパが香辛料貿易に参入してから、シナモン市場の支配権はポルトガル人、オランダ人、イギリス人へと移った。18世紀末、世界的に需要が増えたため、シナモンは北のインド、東のジャワ島、インド洋のセーシェル諸島、アフリカ東海岸沖のザンジバル東部［現在タンザニア連合共和国に帰属］に移植されて根付いた。現在世界最大のシナモン消費国はイギリス、アメリカ、スペインだ。

◉クローブ

クローブ（学名 *Syzygium aromaticum, Eugenia aromaticum*）の原産地は、現在インドネシア共和国に帰属する活火山群島、モルッカ諸島である。クローブの木は背が高いので、スパイスの原料となるつぼみをすべて摘むには梯子《はしご》が必要だ。ガクがピンク色になったら、花びらが開ききる前に収穫し、日当たりのよい場所に敷いた茣蓙《ござ》の上で天日にあてて乾燥させる。重さがほとんどなくなり、色が赤からこげ茶に変わったら選別に入る。クローブは7月から9月と11月から1月の年に2回、小さな房状につぼみをつける。収穫は、伝統的方法にのっとってすべて手作業で行なわれる。

クローブの枝。花を咲かせている。右下図はつぼみ。左下図は寄生虫。

樟脳《しょうのう》やコショウのような香りがあり、味は果実のようにすがすがしく、苦く辛く、舌がしびれるほど鋭い。17世紀、モラヴィア出身の宣教師で植物学者だったジリ・ヨーゼフ・カメルが、クローブには強力な抗菌作用があり、虫歯の痛みをしずめることに気づいた。シナモン同様、オイゲノールという油の成分がクローブの味を独特にしている。良質のクローブは微量の油を放出していて、もろい。密閉容器に入れて保存すれば1年はもつ。最高品質のものは茎が赤茶色で、つぼみの部分が薄い赤茶色をしている。

クローブは、甘い料理にも塩味のきいた料理にも合う。ただし存在感が強いので、ごく控えめに用いるのがよい。豚肉などの肉のローストに合う。ブロックハムにクローブをたくさん突き刺して、三温糖をかけて焼いた料理はとてもおいしい（私の大好物）。リンゴ、ビーツ、キャベツ、ニンジン、タマネギ、オレンジ、サツマイモなどの味も引き立てる。シナモン、トウガラシ、ナツメグなどのスパイスとミックスしてもいい。

世界中の風味のよい料理にはすべてクローブが入っていると言っても過言ではないだろう。フランスでは、タマネギ丸ごと1個にクローブ1粒を挿して、シチューやスープなどの煮込み料理に入れる。中東や北アフリカでは、スパイスミックスに入れたり、肉料理や米料理に使ったりする。中国などアジアの国々ではスパイスミックスによく入っている。もっとも有名なものがインドのガラムマサラ。インドネシアでは、国内で生産されるクローブはほとんどすべて国内で消費される。インドネシアで人気のタバコ、クレテックの主原料はタバコの葉とクローブだ（クレテックという名前は、クローブを燃やしたときの爆《は》ぜる音に由来する)。現在、クローブはマダガスカル、ザンジバル島、ザンジバルの北にある起伏の多いペンバ島で栽培されている(ザンジバルは現在タンザニアに帰属)。

●トウガラシ

トウガラシ(学名 *Capsicum annuum, C. frutescens, C. chinense et al.*)の原産地は中央アメリカ、南アメリカ、そしてカリブ海諸島。トウガラシは非常に種類が豊富で、色や形もさまざまであり、ひとつのスパイスとして定義することはできない(これについてはナツメグも同様)。多くのトウガラシは一年草で、青トウガラシは種をまいてから3か月で収穫できる。赤く熟したものを使うときは、もっと長い期間茎につけたままにしておく。通常、トウガラシは風通しのいい場所で自然乾燥させるが、人工的に乾燥させる場合もある。味蕾《みらい》[舌粘膜にある味覚受容器]に対する刺激もさまざまで、果実や花のような風味のものもあれば、ツンとした刺激を感じさせるもの、スモーキーなもの、木の実のようなもの、甘草《かんぞう》やタバコのような味のものまであるらしい。

トウガラシの辛さは、ほとんど辛味のないものから超激辛までと幅広く、スコヴィル辛味単位で表わされる(単位の名前は考案者の薬剤師ウィルバー・スコヴィルにちなんで付けられた)。これは、辛味をつくり出す分子に注目し、トウガラシに含まれる辛さの成分カプサイシンを基準とした単位。2007年、アメリカ、ラスクルーセスのニューメキシコ州立大学園芸学部教授でトウガラシ学会会長でもあるポール・ボズウェルが、世界一辛いトウガラシの記録を立てた。それは、ブート・ジョロキア（ナガ・ジョロキア）というインド北東部アッサム州のトウガラシで、スコヴィル値100万1304を記録した。比較のため挙げると、ニューメキシコのグリーンチリのスコヴィル値は1500、ハラペーニョが1万［2014年現在、世界一辛いトウガラシとして認定されているのはトリニダード・スコーピオン・ブッチ・テイラー。スコヴィル値146万3700］。

トウガラシには、ビタミンAとビタミンCという貴重な2種類のビタミンが含まれており、冷暗所で保存すれば約1週間もつ。密閉容器に入れれば半永久的に保存できる。トウガラシをヨーロッパに最初に伝えたのはスペイン人だったが、現在世界でもっともトウガラシを消費している東アジアや南アジアにトウガラシを普及させたのはポルトガル人の功績だろう。

インドは、トウガラシの世界最大の生産国であり消費国でもある。中国ではさまざまな料理の下味にトウガラシを使う。韓国では、トウガラシ、味噌、砂糖、醤油などを混ぜて作ったコチュジャンという練り調味料が人気。メキシコではトウガラシを野菜のように食べたり、ソースにしたり、サルサやピクルス、料理の詰め物に入れたりする。カリブ海諸国ではスコッチボネットという激辛トウガラシがソースや焼き肉用のピリ辛香味料に入っている。北米にはタバスコペッパー［キダチトウガラシの一品種］からその名を取った有名な辛味調味料がある。ハバネロを燻製にしたチポトレという、より辛味の強い香辛料も人気がある。ヨーロッパ、とくにスペイン、ポルトガル、ハンガリーで、トウガラシはたくさんの料理——そして文化と融合している。

◉ナツメグとメース

ナツメグ（学名 *Myristica fragrans, M.argentea et al.*）の原産地はインドネシアのバンダ諸島。ナツメグは、樹高が約20メートルに達する常緑樹で、スモモやアンズに似た丸い実をつける。収穫したら、外側の果肉と内側の網目状の赤い皮の部分（メース）を取り除くと黒か茶色の固い殻が現われる。殻を1か月から2か月天日にあてて乾燥させると中の種子（ナツメグ）がカラカラ音を立てるようになる。そうなったら種子を取り出し、挽いて粉にするかホールのままで保存する。赤いメースは取り分けて、平たく伸ばして数時間乾燥させると、オレンジっぽい赤色になる。ナツメグの種子は密閉容器に入れればかなり長期間保存できる。ケース付きのナツメグ専用グレーター（おろし器）に入れておくと便利だろう。

メースはナツメグの10分の1の量しか収穫できない。そのためメースのほうが高価で、一部の国ではメースはあまり使われていない。ナツメグ（メース）は、ペナン島、スリランカ、スマトラ島、西インド諸島でも栽培されている。かつては世界で消費される3分の1のナツメグがグレナダ「カリブ海の小アンティル諸島南部に位置する島国」で生産されていたが、２００4年にグレナダを襲ったハリケーン「イワン」のためにナツメグ産業は壊滅的な打撃を受け、回復するまで10年はかかると言われている。

ナツメグとメースはさまざまな食べものの味を引き立て、ほかのスパイスともよくなじむので用途が非常に幅広い。キャベツやカリフラワーなどの野菜を加熱するときに加えたり、フルーツプディングに入れたりする。オランダ人はナツメグを使ったこういう料理が大好きだ。イタリア人は（ほかの国の人たちもだが）、ほうれん草にナツメグの粉末を好んでかける。マレーシア人は半熟のナツメグをゆでてシロップ漬けにしておやつに食べる。アラブ世界では昔からラム料理やマトン料理にナツメグやメースを入れていた。ナツメグを多量に、とくにアルコールと一緒に多量摂取すると、強い毒薬を飲んだような中毒症状を起こす。そのため、現在オマーンとサウジアラビアでナツメグは禁止されている。

ナツメグ。ポルトガル人医師、博物学者ガルシア・デ・オルタ著『インド薬草・薬物問答集』（1530年代頃）より。

◉コショウ

黒コショウの原産地はインド南西部、アラビア海に面するマラバル海岸。コショウは数千年前から世界中で知られており、交易隊商《キャラバン》や、インド洋の東から各地の港を結ぶ小型船の海上輸送網によってあらゆる方角へ運ばれていた。コショウ（学名 *Piper nigrum et al.*）は、木などに巻きついて生長するつる植物で、葉は先のとがったスペード型をしており、葉と並行するように無数の丸い実を房状につける。未熟の実を摘み取って天日で乾燥させると実が縮み、しわがよってこげ茶色か、黒色のコショウになる。黄赤色に完熟させてから摘み取り、水につけて外皮をむき、天日にあてて乾燥させたものは白コショウになる。黒コショウは、ぬくもりのある木のような舌触りで、味はピリリと刺激的、レモンのようなさわやかな香りがするものもある。白コショウのほうが香りがおだやかなのは、水に浸すと油が流れてしまうからだが、味はしっかりしている。

現在、コショウはインドネシア、ブラジル、ベトナム、マレーシアでも栽培されている。フルーティーな香りとすがすがしい味わいが特徴のインド・マラバル産の黒コショウはいまも最高級とされている。インドネシア産のランポンコショウは油の含有量が少ないため、辛味が強く、フルーティーさは控えめ。最高級の白コショウといわれるのがインドネシア産のムントクコショウ。コショウは風味が失われやすく、とくに挽いたあとはすぐに香りが飛んでしまうので粒のものを買うことをお勧めする。

インド、マラバル海岸での黒コショウの収穫。想像図。15世紀初頭、フランスの写本『驚異の書』より。黒コショウの収穫は、けっしてこのように整然と、清潔に行なわれるものではない。コショウのつるは近くの木に絡みついて緑の実をつける。

コショウそのものは甘くもしょっぱくもないが、風味のよい料理にはほぼ例外なく入っている。パンやケーキのような甘い食べものに入れる場合もある。果物と組み合わせる場合もある。ひとことで言ってたいていの食べものに合う。だからこんなに人気があるのだ。さまざまなスパイスとコショウを混ぜ合わせてつくるバラトとガラムマサラは、それぞれアラブ料理とインド料理によく使われるスパイスミックス。

第1章◉古代のスパイス

北風よ、目覚めよ。南風よ、吹け。
わたしの園を吹き抜けて　香りをふりまいておくれ。
恋しい人がこの園をわがものとして　このみごとな実を食べてくださるように。
――旧約聖書『雅歌』4章16節

古代の世界では香辛料貿易がさかんだった。その活気に満ちた世界は、西ヨーロッパがほとんど知らなかったパラレルワールドといえるだろう。東は中国、南は東南アジア、西はインドやアラビアにまで広がるこの世界は、3000年以上自立して存在し、地中海を通じて南西のアラビアやアフリカと、中央アジアを横断するシルクロードを通じて北東地域とつながっていた。香辛料貿易を支えていたのは海路の船と陸路の隊商が織り成す複雑なシステムだった。船の動力源は冬には北から、夏の終わりには南から吹きつける季節風で、こうした季節風によって貿易の予定が定まり、スパイス貿易のかっちりとしたパターンが構築された。

サフラン。世界でもっとも高価なスパイス。ペルシア人は料理の味つけや染色に用いていた。中近東原産。のちにヨーロッパでも栽培されるようになった。古代から中世にかけて中国やインドに輸出されていた数少ないスパイスのひとつ。

紀元元年までの500年間、ギリシアとローマはおおいに繁栄し、一方アジアではすでに孔子［紀元前551頃～479］が独自の倫理体系を築きあげ、漢王朝が中国の支配的勢力となっていた。強力な都市国家を建設したギリシア人は、ペルシア戦争［紀元前500～449］でペルシア軍に勝利し、その後マケドニアのフィリッポス2世がギリシアを支配下におさめ、息子のアレクサンドロス大王がペルシアを滅ぼし、地中海からインド西北部にまたがる大帝国を築いた。巨大都市として繁栄したローマはほどなく領土の拡大に着手し、スペインを皮切りに北アフリカ、東ヨーロッパ、そしてドイツにまで版図を広げた。

◉シナモン

古代ギリシアの歴史家ヘロドトス［紀元前5世紀に活躍］はシナモンについて、フェニキア人から聞いた話として次のようなエピソードを紹介している。フェニキア人によると、シナモンの枝は大きな鳥によってアラビアまで運ばれてくる。鳥はそれを山の断崖の上にある彼らの巣に運んでいく。シナモンを手に入れるために、アラビア人は大きな動物の死体を切り分けて巣の近くの地面に置く。鳥は肉を巣に運び去るが、巣は肉の重さに耐えられず壊れてしまうので、シナモンが山から降ってくる。そこへアラビア人が駆け寄って拾い集める。こうして集められたシナモンはほかの国々へ輸出される。これに類する話として、鳥がシナモンを巣づくりの材料にするので、地元の人たちは先端にひもをつけた矢を放って巣を壊し、シナモンを地面に落とすというものもある。いずれの話もいささか作為が過ぎるように感じられるかもしれないが、遠路はるばるスパイスを運んできた商人たちは、こうした大げさな苦労話をして商品の価値を高め、売値をつり上げたのだろう。

当時、シナモンはインドから運ばれてくると考えられており、のちにインドの南にあるセイロン島（現在のスリランカ）で発見された。19世紀までシナモン伝説が根強く残っていたことは、アイルランドの詩人トマス・ムーア［1779～1852］の詩からわかる。

スパイスの時代、黄金の鳥たちは
庭に舞い降り甘い実をついばんだ

シナモン

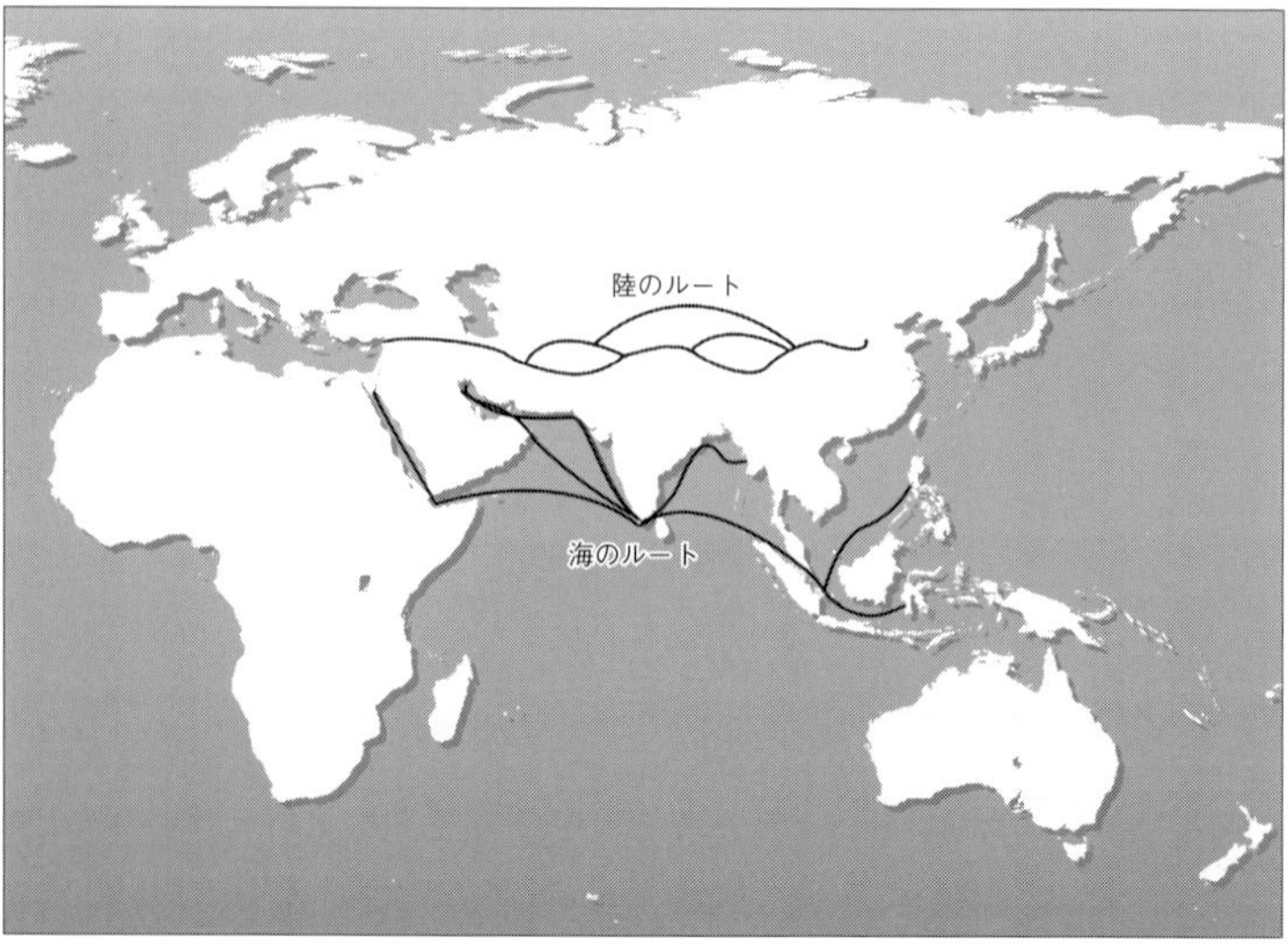

古代のスパイス・ルート。古代から中世にかけて東と西を結んだ陸路と海路。海路では、ペルシア湾または紅海を通って地中海の近くまでスパイスを運び、そこからヨーロッパ人商人が北へ運んだ。

その香りが鳥たちを夏の奔流へおびき寄せた
鳥たちはアラビアの柔らかな日差しを浴び
つぼみをつけたシナモンの枝で梢の上に巣をつくる

古代、シナモンは非常に人気のあるスパイスだった。早くも紀元前2700年には中国で「桂」として知られ、紀元前1500年頃エジプトに伝わった。中国はシナモンの原産地ではなかったが、南アジアと東アジア全域のシナモン貿易を支配していた。数百年後、シナモンの原産地がセイロン島であることがあきらかになると、シナモンはさらに遠くまで輸出されるようになった。

先の話とは別に、アリストテレスの弟子で

のちに「植物学の父」として知られるギリシア人テオプラストスが紹介したシナモンの物語もある。テオプラストスは、シナモンの原産地はアラビアであると考えていた。彼の説によると、シナモンは峡谷の藪の中に生えていて毒ヘビに守られている。シナモンを手に入れた人は、それを3つの山に分け、くじを引いてふたつの山を選び、残りのひとつを帰り道にヘビから守ってもらうために太陽神に供える。あるシチリア人の話では、アラビアではシナモンがありあまっていて、料理の焚きつけに使われているという。

古代世界には「シナモンルート」の伝説もあった。そのルートは、インドネシア半島北部および中国南部からはじまり、フィリピン諸島を南下して、東インド諸島でさらに多くのシナモンとその他のスパイスを積み込み、広大な南インド洋を西へ延々と航海する。その後針路を北西に変え、マダガスカル島北西海岸からさらに少し先の、ギリシア・ローマ時代の文献にラプタと記されている地域（現在のタンザニアとモザンビークの国境付近）で上陸し、その後沿岸部を北上して紅海の港町で荷を解くというものだった。

◉カシア

シナモンの近縁にあたるスパイスがカシアだ。カシアの原産地はインド北部のアッサム地方、ビルマ（現在のミャンマー）、インドネシアの島々で、およそ6000年前の文献にもカシアに関する記録が見られる。カシアはシナモンより樹皮が厚くざらざらしているが、シナモンとして売られている場合もある。カシアの味はシナモンより繊細さに欠ける。ピリッとした風味のために極東ではカシアのつぼみや乾燥させた未熟果をピクルスに入れる。カシアにも古代から伝わる物語がある——これも真偽の怪しいものではある。ヘロドトスによれば、「(アラブ人たちは)目を除いた顔と体全体を獣の皮で覆ってカシアを採りに行く。カシアは浅い湖に生えていて、湖とその岸辺にはコウモリに似た翼のある動物が住んでいる。この動物たちはキーキーと騒がしく鳴いて、自分たちとカシアを必死に守ろうとするので、カシアを採るときは彼らの攻撃から目を守らなくてはならない」。

◉クローブ

クローブの原産地は、現在はマルク諸島と呼ばれるインドネシア共和国のモルッカ諸島(香料諸島)。もともとクローブはスラウェシ島の北東に位置するティドレ島とテルナテ島を含む5つの火山島にしか生えていなかった。クローブは、熱帯の、土壌がよく肥えた場所を好む常緑樹で、海に近すぎたり、湿気が多すぎる場所ではよく育たない。標高が高すぎても、寒すぎてもだめで、きれいな水が湧く傾斜地が最適。紀元1000年頃、イブラヒム・イブン・ワシフ=シャーは『不思議物語集 *Summary of Marvels*』に次のように記した。

インドに近いどこかの島に「クローブの谷」がある。商人であれ船乗りであれ、その谷に行った者も、クローブのなる木を見た者もいない。彼らに言わせると、クローブの実を売っているのは精霊なのだそうだ。その島に到着すると、船乗りたちは浜辺に商品を置いて船に戻る。翌朝になると、それぞれの商品の横にクローブの山ができている……摘んだばかりのクローブはじつに美味《びみ》らしい。島の住民はクローブを常食としているため、病気にかかることもなければ年老いることもない。

クローブ。スペイン語のクローブ（Clavos）には釘という意味もある。

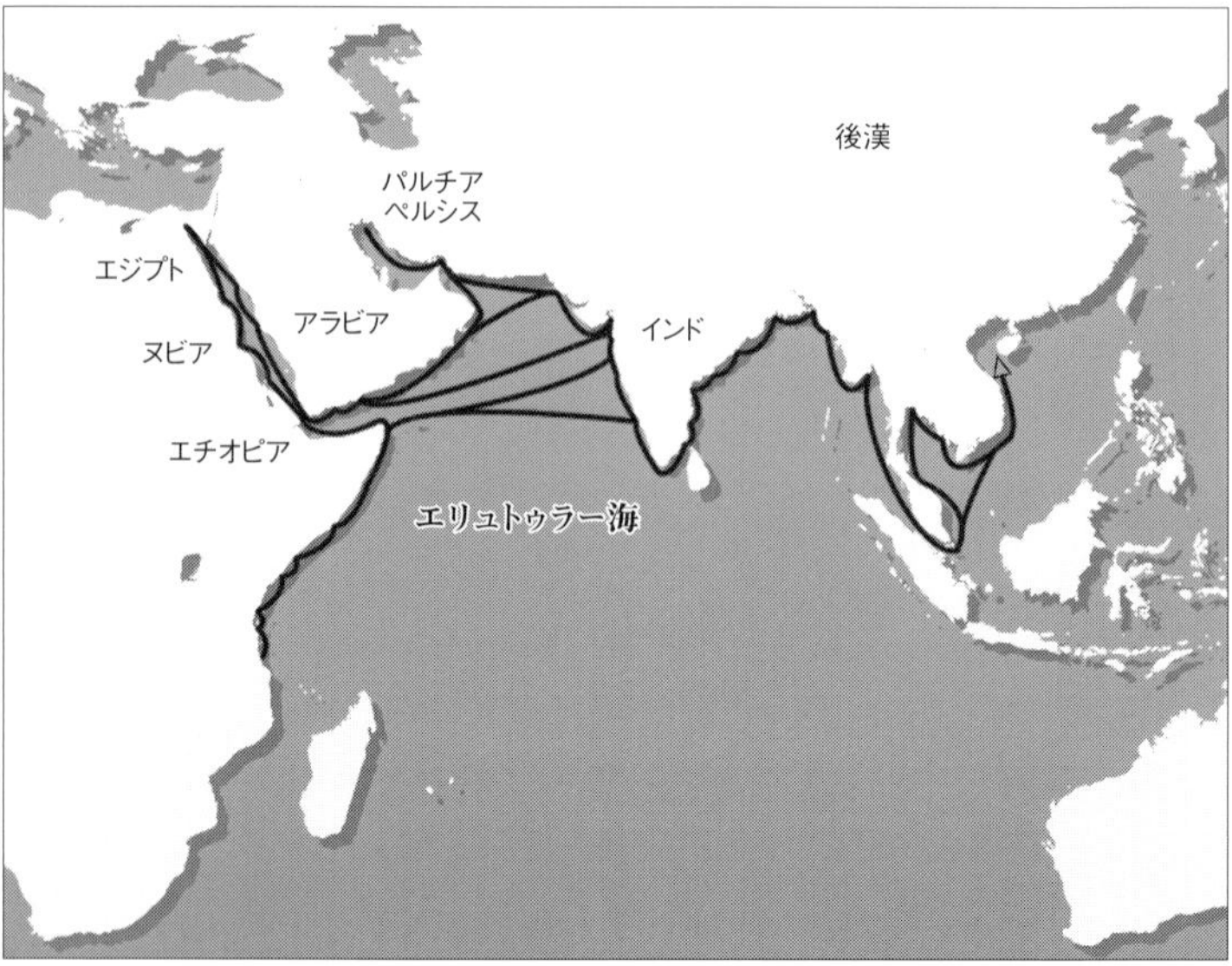

スパイスが西に運ばれてくるようになると、インド、ペルシア、アラビア半島に三方を囲まれたエリュトゥラー海（アラビア海の古称）には北にスパイスを運ぶ交易網が形成された。

◉ローマ帝国のスパイス

ローマ帝国の領土が拡大すると、スパイスに対する人々のニーズも高まった。クローブ、シナモン、ナツメグ、黒コショウの中で、ローマ人がとくに好んだのは黒コショウだった（ナツメグは料理には使用されなかった）。クローブがローマに伝わった時期は遅く（紀元前2世紀）、もっぱらお香や香水に使われた。

「クローブルート」というものもあった。東インド諸島［モルッカ諸島］を出発して東南アジアを抜け、現在のバングラデシュがある地域に到着し、インドの東海岸と西海岸を通って北のアラビア湾の港町バスラに出るか、西の紅海の港町に向かうルートだった。

シナモンはきわめて高価で、香水産業に買い占められていた。ワインに入れられたり、さまざまな甘い味や香りのよい料理の味つけに使われたりした。あるローマ皇帝は、エルサレムから凱旋したとき、磨きあげた金《きん》で縁取りされたシナモンの花冠をかぶった。皇帝ネロ［紀元後37～68］は妻の葬儀のときにローマで使われる一年分のシナモンとカシアを焚いたと言われている。

ローマ人は、カシアの一種で作った香料やマラバルシナモンという軟膏も使っていた。ナツメグもローマ帝国内で入手できたようだが、私たちが知るかぎり料理には使われていない。アピキウスの『古代ローマの調理ノート』（千石玲子訳。小学館）を調べた著者によると、本に登場する500のレシピの9割に高価な輸入もののスパイスが使われており、とくに黒コショウの使用頻度が高いという。

紀元前24年、当時エジプト知事だったアエリウス・ガルスは、アラブ人が独占していてローマ人の支配が及ばない東からの交易ルートを、エジプト軍を率いて奪うように皇帝アウグストゥス［紀元前63～紀元14］から命じられた。どうやらガルスは、交易ルートがどこにあるのか地元の商人たちにしっかり尋ねなかったようだ。そのため、遠征軍を率いて沿岸部を進軍したが、内陸部にあった大きなスパイス交易所を見逃してしまった。

ギリシアの地理学者ストラボンは『ギリシア・ローマ世界地誌』（飯尾都人訳。龍溪書舎）で、ローマの兵士は敵ではなく病気と疲労と飢えに敗北したと述べている。この遠征のあとほどなく、皇帝の名声を聞きつけたインドの使節団がアウグストゥス帝をローマに訪問し、交易ネットワーク

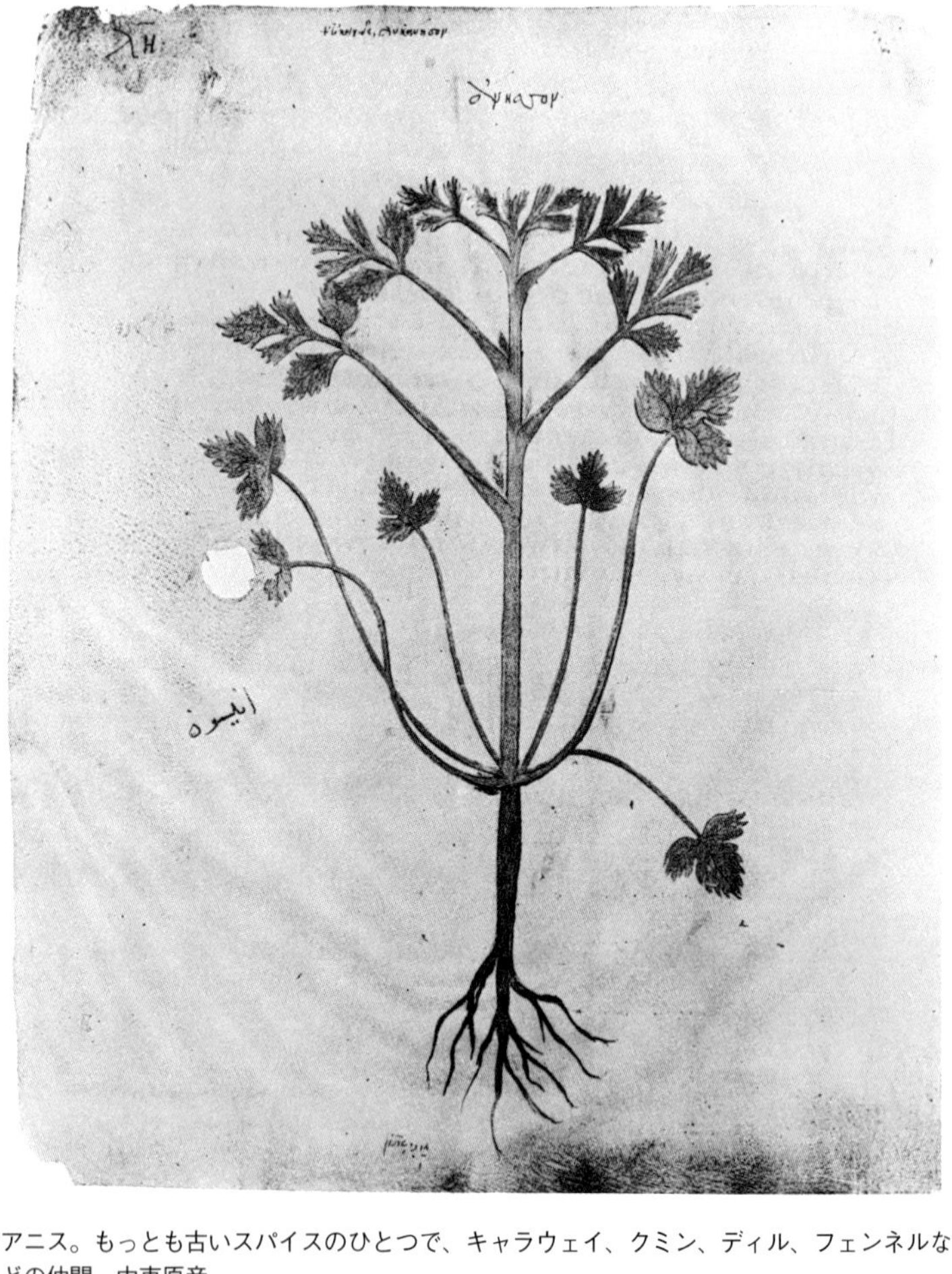

アニス。もっとも古いスパイスのひとつで、キャラウェイ、クミン、ディル、フェンネルなどの仲間。中東原産。

が立ち上げられた。

コショウ——少なくともそのうち2種類が、ローマ帝国では広く利用されていた。大プリニウスも、ローマのスパイスの主要産地だったインド北部産の長コショウ［*Piper longum* 正しくはコショウ科ヒハツであり、黒／白コショウとは区別される］について記している。黒コショウは、辛味がきつい長コショウほど人気がなかった。さて、コショウを使ったローマ時代の料理をひとつご紹介しよう。「ラベージの種［地中海岸原産のセリ科の植物。葉はハーブ、種はスパイスになる］とコショウを一緒に挽き、キノコの軸をみじん切りにしたもの、ハチミツ、ガルム（魚肉を醱酵させてつくる、魚醬に似た調味料）と合わせて鍋に入れ、キノコの水分が完全になくなるまで油でじっくり炒めて、パンを添えて食卓に出す」。コショウは非常に重要であったため関税がかけられ、エジプトに運び込まれる際にアレクサンドリアでアラブ商人から徴収された。

ここでお断りしておかなくてはならないことがある。スパイスがローマに到着するまでには長い時間がかかった。スパイスは湿気の多い海の上や、からからに乾いた陸の路を横断しなくてはならなかった。たくさんの人の手を介し、長期間箱に詰め込まれていたスパイスの多くが、ローマ帝国の心臓部に達するまでに細菌やカビに蝕まれ、埃にまみれていたとしても不思議ではない。

時はさかのぼり紀元前1世紀。ローマ人は、エジプト人がはるか昔からさまざまな儀式や祭儀、とりわけミイラをつくるときにスパイスを利用していたことを知った。エジプトでとくに珍重されていたのは乳香と没薬とカシアで、これらはすべて、スパイスの芳しい香りに大気が満たされてい

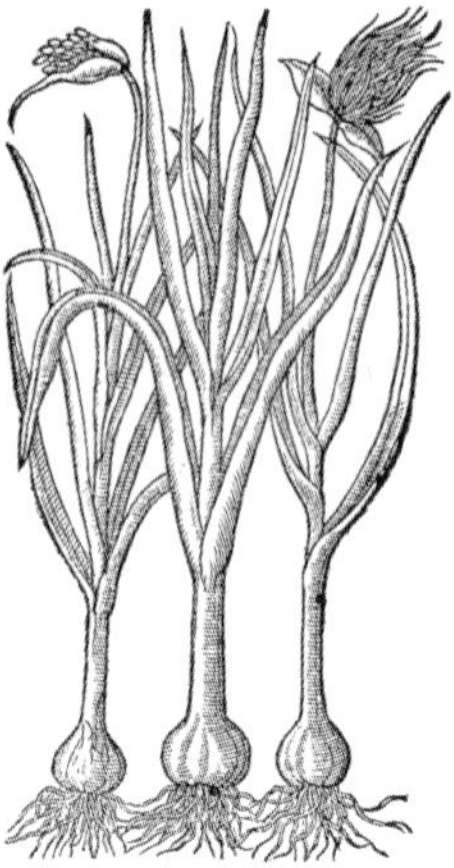
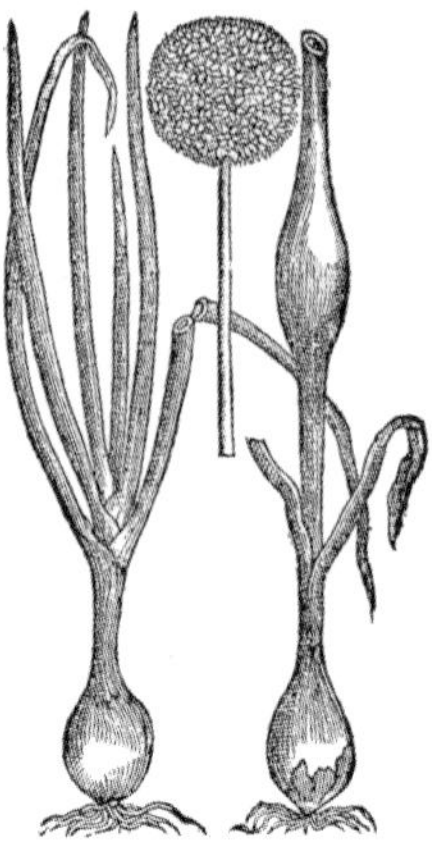
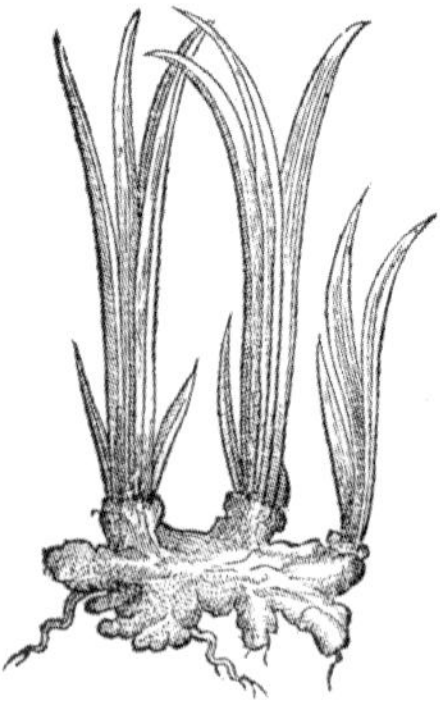
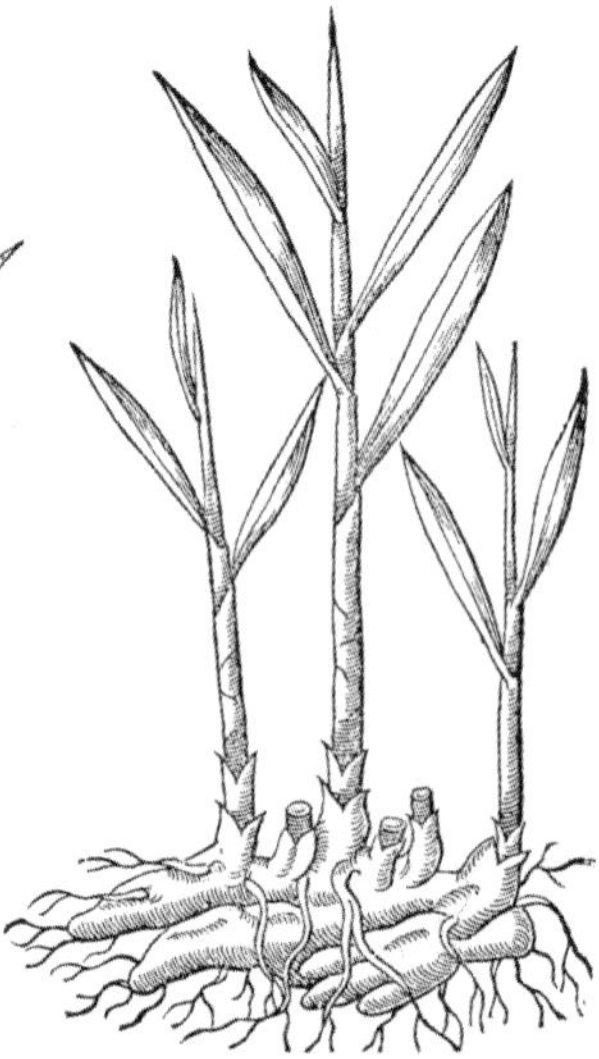

ショウガ。中国人もインド人も古代からショウガを使っていた。ビタミンCが豊富なので、中国の船乗りたちは壊血病予防のためにショウガを食べていた。

るという南アラビアから運ばれてきたものだったが、エジプト人は長年アラブの国々だけでなく、東アジアや南アジアとも交易を行なっていた。インド洋から少しでも早くスパイスを輸入するために、ナイル川と紅海を結ぶ運河も建設されていた。紀元前500年頃、エジプトにはシナモンがあったのかもしれない。最近、ある考古学者が、古代エジプトのミイラの発掘調査をしているときにシナモンの香りを感じたと主張している。しかし、シナモンがこれほど古くからあったことを証明する物的証拠を手に入れるのは難しい。

エジプトの東砂漠を南下した紅海沿岸に、ローマ時代、南から運ばれてくるスパイスの一大市場として繁栄した港町ベレニケの遺跡がある。スエズ運河の約800キロ南に位置するベレニケはローマ帝国との交易の主要中継点だった。アウグストゥス帝は船団を組織して、黒コショウなど異国の品々をローマまで運ばせた。近年、ベレニケの発掘調査で大量の黒コショウが発見された。同時代（紀元1世紀）の黒コショウがはるか北のドイツでも発掘されていることから、香料貿易はすでにヨーロッパ中に広がっていたとわかる。

クローブは、古くはインドのサンスクリット語の文献に登場し、カトゥカパラ（香りの強いもの）と呼ばれていた。大プリニウスはクローブについて「もっぱら香料として輸入されている」と記している。335年、ローマのコンスタンティヌス大帝はローマ法王シルウェステル1世にクローブ45キログラムをうやうやしく瓶に詰めて贈った。クローブはその後しだいに食べものや飲みものにも入れられるようになった。

クミン。ナイル河谷原産。古代世界では広く知られていた。ギリシア人は、クミンの種を数える人を「守銭奴」と呼んだ。

9世紀、スイスのサンクトガレン修道院の僧たちは、この高価なスパイスを断食日の魚料理に入れていた。10世紀末にはアラブ人旅行者が、マインツ［ドイツの都市］の市民が肉をクローブで味つけしているのを目撃している。聖ヒルデガルト［1098～1179。中世ドイツのベネディクト会系女子修道院長。神秘家］の、薬草に関する著書『自然の治癒力 *Liber subtilatum*』（1150年）にもクローブが登場する。はるか北でも、ノルウェーとスウェーデンの王妃ブランカ・アヴ・ナムール［1320～1360］の遺産目録にクローブ750グラムという記載がある。1363年当時としてはたいした量だ。

●中国のコショウとその他のスパイス

はるか東の中国では、紀元前2世紀頃の漢王朝の文献に、コショウに関する記述が見られる。当時、コショウの原産地は中国西部と考えられていた。しかし、実際にはインドから運ばれてきたのだろう。およそ300年後、後漢の時代にコショウの原産地がインドであることがあきらかにされた。古い文献から、コショウが現在の北ベトナムにあたる地域で栽培されていたこともわかっている。

コショウは、アジアのほかの地域でも栽培されていた。歴史家によると、紀元前1世紀頃、ジャワ島でも、島に入植したヒンドゥー教徒によって黒コショウの栽培がはじめられたらしい。ジャワ島と中国は海でつながっていたので、西のインドよりずっと行き来しやすく、そのためジャワ島は

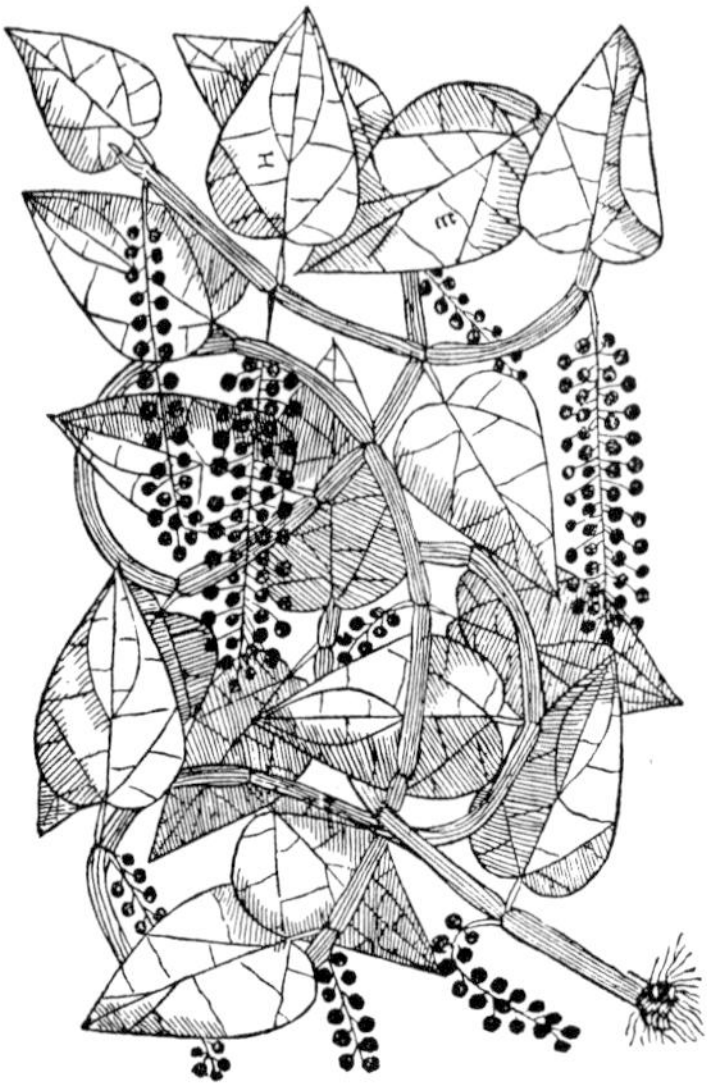

コショウ

中国で消費されるコショウの主要産地となったのだろう。とはいえ、中国でコショウは簡単に手に入るものではなく、貴重で、大切に保存すべきものと考えられていた。ご存知の通り、中国人の食生活にコショウは欠かせない。かつては辛味の強い長コショウも料理に使われていた。長いあいだ、中国でコショウは、一般に四川コショウと呼ばれる花椒《かしょう》［山椒の一種］の代用品とされてきた。また、強壮剤、消化剤、疝痛、腸にたまったガスに効く薬としても用いられてきた。

シナモンは、漢の時代に現在のハノイ［ベトナムの首都］周辺の農地に生い茂る肉桂として中国の文献にはじめて登場する。肉桂は、中国南部広東地方（現在の香港に隣接する地域）にも生育していた。広東地方の北西に位置する美しい田園都市「桂林」の名は、肉桂がたくさん自生していたことに由来する。

クローブは、ニューギニア島やモルッカ諸島の多くの島に自生していたものが栽培されるようになったと考えられている。クローブが自生する島の住人たちは、クローブをあまり利用していなかったが、中国人とインド人は強い関心を持ち、アジア全域にまたがるクローブ貿易に着手し、のちにこれを支配した。クローブは、紀元前数世紀から紀元250年頃に成立したと言われる古代インドの叙事詩『ラーマーヤナ』に登場する。紀元前1000年頃、中国南部、現在の広州市のあたりを本拠地とした南越の船乗りたちによってモルッカ諸島から運ばれてきた。紀元前3世紀前漢の時代、宮廷の廷臣たちは皇帝に拝謁するとき、クローブを口に含んで息を清めたと言われる（か

フェヌグリークはマメ科の植物。「ギリシアの馬草」という意味のラテン語が語源。エチオピアの国民食、インジェラという醱酵させたパンケーキに入っている。

ナツメグ。東インド諸島原産だが、現在ではカリブ海諸島グレナダの特産品。

って中国でクローブは「鶏舌香《けいぜつこう》」と呼ばれていた）。

中国では、古代からナツメグが使われていた可能性がある。唐の時代（618～907）、この常緑樹の果肉に包まれた種子は下痢や消化不良の薬とされていた。同じ頃、ジャワ島のインド人は、ナツメグやクローブをインドネシアからインドへ運んで交易を行なっていたらしい。また、アラブ人もこの頃からスパイスを北西のヨーロッパへ運ぶようになった。ナツメグはかなりあとになってから（11世紀頃）広東地方で栽培されるようになった。

ナツメグをめぐる謎のひとつに、ナツメグはもとから自生していたのか、自生していなかったのかという問題がある。これをあきらかにするのは難しい。17世紀、オランダ人がナツメグ貿易の利益を独占するために、自分たちの植民地以外の島に生えているナツメグの木を根こそぎにしてしまったことも謎の解決を困難にしている。

●トウガラシ

ここまでに登場したスパイスの多くは、古代世界で利用され、その後も世界中の食べものや医薬に影響を与え続けている。しかし、もっとも歴史が古く、しかも広い範囲に散らばったスパイスはトウガラシだ。トウガラシは、世界中のすべての食べものと文化にもっとも劇的な影響を与えた。古代から現代まで歴史をふり返ってみると、ほかの香辛料に比べ、トウガラシにははるかにたくさんの種類と形があり、カリブ海地域から中国にいたる広い地域に分布していることがわかる。

紀元前7000年というはるか昔から、現在メキシコがあるあたりではアメリカ先住民がトウガラシを食べており、数百年後には栽培していたという証拠がある。トウガラシは、中南米、カリブ海諸島にも自生していた。彼らが世界のスパイスの舞台に登場するのは15世紀、大発見時代［日本では「大航海時代」と言うことが多い］の幕開け以降だが、それより何千年も前からさまざまな種類のトウガラシが自生したり、食用に栽培されたりしていた。

古代の世界には、スパイスにまつわる伝説や、解き明かされていない数多くの謎が残されている。中世になると、西洋はキリスト教の御旗を掲げ、十字軍を編成して南東へ進軍を開始する。それではスパイスの歴史もこのへんで章を改めるとしよう。

第2章◉中世のスパイス

ざっくり樹皮をはがして
船に積んで送ろう。
そうすれば、夏の暑いさかりにも、凍える雪の中でも
インドの香りを楽しめる。
――『スパイスとその楽しみ方』（1009）W・M・ギブス

中世のスパイスの世界は、いくつかの重大事件によって形づくられた。まず、6世紀を迎える頃西ローマ帝国が滅亡し、それによってローマ人が築き上げたスパイス貿易網が消滅した。次に、570年頃、イスラム教の開祖ムハンマドが誕生した。610年頃、ムハンマドは預言者であることを自覚し、メッカでイスラム教の教えを説きはじめ、アラブ人に伝統の多神教を捨て唯一神アッラーを信仰するように勧めた。イスラム教は1000年頃には北はスペイン南部、東はマレー半島にまで勢力を拡大していた。

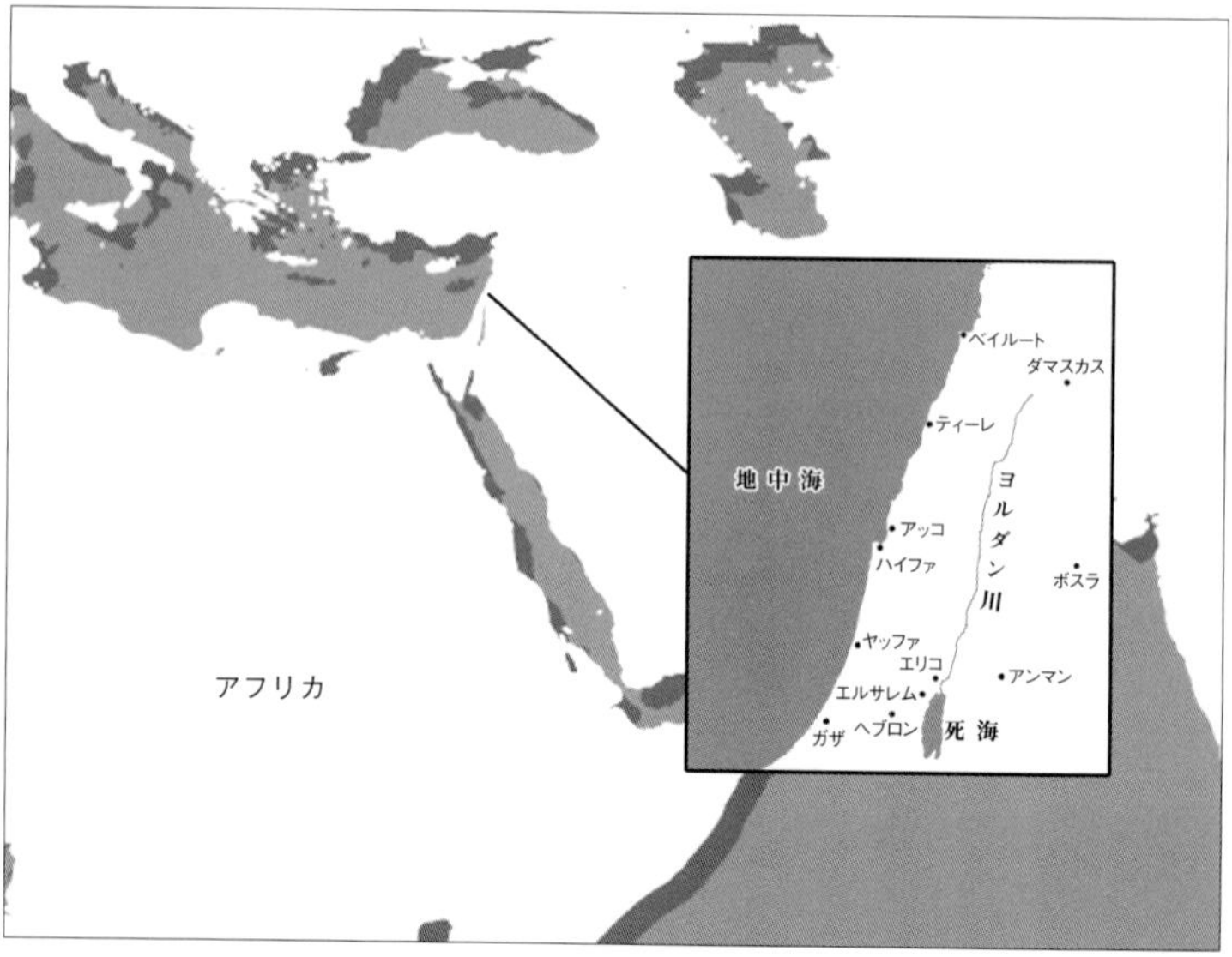

十字軍の時代に香辛料貿易が行なわれていた地域。地中海沿岸のこの地域には、ヨーロッパ行きのスパイスが出荷される重要な港があった。

ヨーロッパでは、異民族どうしの戦いが続いていたものの、しだいに範囲は狭まり、政治的に安定した地域も出てきた。11世紀、勢力の拡大と権威の確立につとめていたローマカトリック教会は、各地域の支配者に、エルサレムを含む聖地をイスラム教徒から団結して奪還するように呼びかけた。教会はすでに東のギリシア正教会と西のローマカトリック教会に分裂していたが、こうした分裂をよそに13世紀後半まで続いた十字軍は東西どちらの教会も疲弊させ、スパイスの交易網と流通にも重大な影響を及ぼした。

そしてこの時代のあと、ほぼ同時期に活躍した精力的なふたりの「レポーター」が登場する。キリスト教世界出身のマルコ・ポーロ［1254～1324］と、イスラム教世界出身のイブン・バットゥータ［1304～

1368」だ。ふたりは東西にまたがる広い地域を旅して、未知なる世界と、ヨーロッパ、アジア、アフリカを結ぶネットワークについて書き記した。

◉イスラム世界のスパイス・ネットワーク

ムハンマドはスパイス商人で、同業のスパイス商人と結婚した。この事実は、イスラム世界には8世紀以前から交易網が確立していたことを示唆するのではないだろうか。イスラム教の勢力の拡大に伴い、複数の都市が建設された。最初に現在のシリアにダマスカスが、次いで数百年前から東の香料貿易ルートの主要中継地だったバスラの北西、ティグリス川中流の河畔にバグダードがつくられた。

711年、ターリク・イブン＝ズィヤード［?～720］率いるイスラム教徒軍が地中海を越えてイベリア半島に進出し、スペイン南部を支配下におさめた。アラブ人による支配はその後1492年まで続いた。アル＝アンダルス（アンダルシア）と呼ばれる一帯にはイスラム教徒、すなわちアラブ人の都市が次々と出現した。そのひとつコルドバは、12世紀には世界最大の都市のひとつとなり、イスラム教徒の知の中心に、そしてアラブ世界の北の終着点になった。バグダードからコルドバにいたる大都市は、さまざまな製品を生産するだけでなく、東のスパイスを大量に消費してもいた。

イスラム教圏は発展を続けた。バスラの人口は、30年間でゼロから20万人へと爆発的に増加し、

アラブのスパイス商人が市場でスパイスの重さを量っている。ポルトガル人がインドに到着するはるか昔、東西の香辛料貿易を仕切っていたのはアラブの商人と仲買人たちだった。

街の通りはアラブ人、ペルシア人、インド人、そしてインドネシアからやってきたマレー語を話す人々でごった返した。こうした場所で、中国や、香辛料諸島に関する情報が伝説に姿を変え、人々の地理上の認識も広がった。『千夜一夜物語』に登場する船乗りシンドバードは、香料諸島への旅を次のように語っている。

私は商人たちや仲間たちとバスラに行き、そこで船に乗りました。最初は船酔いになりましたが、すぐに元気を取り戻し、あちらこちらの島に行って商売をしました。

シンドバードは、3000年前から存在したルートをくわしく説明している。東へ旅をするとき、バスラからアラビア湾を出るまでは船から陸地が見えたので、航海するのも簡単だった。東と交易を行なっていたのは、アラブ人、イラン人、ユダヤ人商人たちで、彼らはアラブの船に乗り、最初ははるか中国まで出向いていたが、時代が下ってからはもっぱらインドや東インド諸島に向かうようになった。セイロンやマレー半島のマラッカなどの中間地点で中国製品を受け取ったほうがはるかに楽なことに気づいたのだ。たしかに、商売にはそのほうがずっと便利で安上がりだった。

◉ユダヤ人商人

本書のテーマはスパイスだが、インド洋を往復していたほとんどの船には、織物、米、硬材、鉄、鉱石、錫《すず》、馬、ロープも積まれていたことに触れておくべきだろう。9世紀の国際貿易はどのようなものだったのだろうか。バグダードで駅逓長官を務めていたイブン・フルダーズベ［820〜912］が、フランク王国（現在のフランスとドイツ西部にまたがる地域に存在した）からやってきたユダヤ人商人の集団について記した文章を見てみよう。

ユダヤ人商人たちは、アラビア語、ペルシア語、ギリシア語、ラテン語、フランク語、スペイン語、スラブ語を操る。彼らは西から東へ、東から西へ、ときには陸路で、ときには海路で旅をする。西からは宦官、女奴隷、年端もいかない少年、金襴《ブロケード》、ビーバーやテンなどの毛皮、剣を運ぶ。フランク王国から西の海［地中海］を渡り、（スエズ地峡の）ファラマーで商品をラクダに積み換えて陸路を紅海の港クルズムまで移動し……そこから船に乗ってジャールやジッダへ向かう。そしてシンド［現在のパキスタン南東部］、インド、中国まで航海する。中国からは麝香《じやこう》［ジャコウ鹿から採れる香料］、香木の伽羅、樟脳、シナモンなど東洋の品物を積んで帰ってくる。クルズムまで戻り、ファラマーで船に乗り換え［地中海を］もう一度渡る。船でコンスタンティノープル（現在のイスタンブール）へ行き、ギリシア人に商品を売る者もあれば、フランク王国の首都に戻って商売をする者もある。

この他に、ユーフラテス川をバグダードまで南下し、そこからティグリス川を下ってアラビア湾に出て、インドなど東の目的地に向かう東向きルートもあっただろう。いずれにせよ、こうした長距離の旅が、とりわけ知識やネットワークが確立される10世紀より前に実際に行なわれていたのかどうかは歴史的論争の的になっている。一方、西へ向かう交易ルートもあり、アラブ世界や東アフリカ（かつてエチオピアに存在したキリスト教王国アクスム）が目的地だった。聖書の伝承によれば、そこはソロモン王とシバの女王の子孫がエルサレムから「契約の箱」［モーセの十戒を刻んだ2枚の石板が納められた櫃］を運んできた場所であり、アフリカ産の金や香料が他国の港へ出荷される拠点でもあった。

中東アラブのイスラム教世界と東アジアのこうした交易は、15世紀末にポルトガル人がアジアに進出をはじめるまで続いた。長年にわたる交易の結果、現在のインドネシアやマレー半島にイスラム教が普及し、香辛料貿易網も強固になった。

十字軍遠征が行なわれる前は、ヨーロッパ人がスパイスの産地に対して抱くイメージは、ほとんどが俗説や噂を下敷きにしたものだった。歴史家のポール・フリードマンによれば、7世紀のヨーロッパ人たちは、インドのコショウはヘビに「護られた」木になっていて、ヘビはコショウの実を採ろうとする者に容赦なく嚙みつき毒で殺すので、コショウを収穫するには木を焼いてヘビを地下に潜らせるしかないと信じていた。こうした俗説は、コショウの実が黒いのは木が焼けたからだという、長年まことしやかに信じられてきた誤解の元にもなっていた。14世紀のある僧は、1500年頃まで、黒コショウと白コショウは違う木になるものと考えられていた。

15世紀のイタリアの写本より。シナモン商人の誇張された画。シナモンが大きすぎ、シナモンの枝を運んできて巣作りをするという鳥の伝説を想像するのは難しい。

コーカサス山脈の南斜面で、コショウは灼熱の日差しを浴びて育つと書き記している。

1226年、「肉、家禽《かきん》、魚、野菜、乳製品、菓子」の159のレシピを載せた『料理の本 *kitab il-tabih*』が出版された。この本で、著者モハメド・ベン・エル・ハッサン・エル・バグダーディは、アラブ料理に用いられているハーブやスパイスについて説明している。サフラン、コリアンダー、クミン、ショウガ、カルダモンといったスパイスも、ナツメグ、コショウ、シナモン、クローブ同様に取り上げられ、バラ水やオレンジフラワー水といったよい香りの液体や、ザクロ、レモン、ハチミツの使い方についてもくわしい。こうした一連の香りのよい食べものは、アラブ人がふだん口にしている食べものの産地より、はるかに高い緯度の地域に住むヨーロッパの人々の心も舌も魅了しただろう。この本から、中世のアラブ世界では、すでに何百年も前からスパイスの役割が確立されていたことがうかがえる。

◉十字軍――「東」の発見

十字軍――イスラム勢力から聖地を奪還しようというキリスト教徒の欲望を、おもに戦争という形で表現した運動――は、12世紀から13世紀にかけてのスパイスの歴史の焦点だった。十字軍遠征を重ねる中で、ヨーロッパではキリスト教が復興し、ローマ教皇の権力が強化され、ヨーロッパ人のあいだにキリスト教徒としての自覚が高まり、あらたな自信を芽生えさせた回もあった。しかし一方、南東の聖地を果敢に目指した十字軍兵士は、自分たちよりはるかに進んだ知識と技術を持つ人と文化に驚きもした。

アラブのイスラム教徒たちは、長い年月をかけてインドの数学から数の体系を吸収し、バビロニア人から天文学を、ギリシア人からは哲学を取り入れていた。商業のシステムを洗練させ、厖大な航海の知識を蓄えてもいた。これらはのちにヨーロッパでルネサンスが花開き、さらに科学革命へ続く道の土台となった。一方、イスラム教徒たちも、ダール・アルハルブ（「戦いの家」）を通じて、ダール・アルイスラーム（「イスラムの家」すなわち「イスラム世界」）を拡大しようと躍起になっていた。

１０９９年、第1回十字軍［１０９６～１０９９］が行なわれ、ついにキリスト教兵士が聖地エルサレムを奪回した。兵士と一緒か、あとからやってきた巡礼者たちは、シリアやパレスチナで、これまで見たこともない、度肝を抜かれる生活様式を目の当たりにした。ヴェネツィアとジェノヴァの商人には、ヨーロッパの金属、羊毛、衣服をスパイス、果物、宝石と売買する交易の中心地を建設する特権が与えられた。12世紀から13世紀にかけて十字軍の遠征が繰り返されるあいだ、ヨーロッパ人の食習慣に徐々に変化が現われはじめた。十字軍兵士の食事にコショウ、ナツメグ、クローブ、カルダモンが入れられるようになり、同時期に、イチジク、デーツ（なつめやしの実）、アーモンド、レモン、オレンジなどの魅惑的な食べものが北のヨーロッパの食卓に姿を見せるようになった。

◉中世ヨーロッパの食と医を支えたスパイス

この時代のヨーロッパ人は、スパイスを薬にも料理にも利用していた。スパイスにまつわる俗説のひとつに、スパイスは肉を保存するために使われていたというものがあるが、この考えは、複数の理由からいまではほとんど否定されている。まず、中世ヨーロッパには肉がたっぷりあった。動物が定期的に殺され、処理され、調理され、食べられていたため、肉を保存する必要はなかった。さらに、スパイスにはとくに防腐効果はない。肉を保存するには、塩漬けにしたり、燻製にしたり、乾燥させたりするほうがよっぽど効果がある。とくに塩は保存効果が抜群で、簡単に手に入った。

スパイスは徐々に医術や食事の取り方と関わりを持つようになった。これは、人間の体液や、「熱、冷、湿、乾」という4つの生気と、スパイスが関係しているという独特の考えに基づいている。たとえば「熱」であるスパイスは「湿」である肉の性質を中和させるので、肉料理に入れると、生気のバランスをととのえ、体を健やかに保てると考えられていた。スパイスは「熱」もしくは「乾」に分類され、コショウはもっとも「熱い」スパイスとされた。中世の薬局の研究から、コショウ、シナモン、ショウガが多くの薬に処方されていたことがわかっている。

中世の多くの料理書を参照すると、中世のヨーロッパではスパイスが非常に重視されており、量も豊富にあったことがうかがえる。たとえば、ある料理書には、15世紀に執り行なわれたポーランド王国とバイエルン公国の婚礼に、シナモン約90キログラム、ナツメグ約40キログラム、クローブ

ナツメグを描いた中世の版画。ヨーロッパでは、ナツメグが発見された後、ナツメグの種とおろしがねを紐に通して首からぶら下げるのが流行した。

約50キログラム、コショウ175キログラムが消費されたとある。別の料理書では、200のレシピのうち125のレシピにシナモンが使われている。「ライン河の女預言者」と呼ばれた聖ヒルデガルトは1150年に著した『自然の治癒力』という本でナツメグの薬効を称賛している。元日にもらったナツメグの実を1年間ポケットに入れておくと転んでも骨を折らずに済む、脳卒中を起こすこともなく、いぼ痔や猩紅熱《しょうこうねつ》、おできに苦しむこともない、などとある。

ナツメグとメースは、6世紀、アラブ人商人によって豊かなコンスタンティノープルへ伝えられ、12世紀を迎える頃には、はるか北のスカンジナビアを含むヨーロッパの国々の文献にも登場するようになった。

ナツメグはお香としても利用された。1191年、神聖ローマ帝国皇帝ハインリヒ6世［1165～1197］がローマで戴冠したときには、戴冠式前の数日間、街の通りでナツメグなどのスパイスが焚かれたという。イギリスの詩人チョーサー［1343頃～1400］によれば、当時の人は好んでビールにナツメグを入れていた。今日でも、バイエルン地方ではルートビア［アルコールを含まない炭酸飲料の一種］にナツメグを入れる。北米でも、少なくともふたつのビールメーカー（ドッグフィッシュヘッドとサミュエル・アダムズ）の特選ビールにナツメグが入っている。

16世紀にはナツメグが性差別の表現に利用されたことさえあった。オランダの医者で『自然の隠された力 *Nature's Secret Powers*』を著したレヴィナス・レムニウスは、男性が運んだナツメグは大きく、みずみずしく、色も香りもいいのに対して、女性が運んだナツメグはしなびて、干からびて、黒ずみ、薄汚れて、醜いと主張して、女性に対する男性の力の優位を称えた。ここにも、体液と生気に関する中世の思想が、男性のほうがすぐれた体質を備えているため強く、女性より秀でているといった迷信に一役買っている。

十字軍の兵士たちは、エルサレムやアッコといった中東の都市に出現したフランク人の上流社会の台所で働くアラブ人の料理人たちも目撃した。当時は宴会のときに、音楽、舞踊、文学などの催しが行なわれることがよくあった。十字軍に参加したフランク人が、莫大な富を誇示するために、クローブ、シナモン、サフランといったスパイスを使うこともあった。エルサレムの市場では出来合いの食べものが売られていた。これは今日の屋台や市場のはしりだ。１１９４年、イングランドのリチャード１世を訪問したスコットランド王ウィリアム１世は、毎日約１キログラムのコショウと２キロのシナモンを受け取ったといわれている。

クローブについて、伝統的な薬草の本には、性的能力が衰えた男性は、細かく砕いたクローブ３グラムを甘いミルクに入れて飲むとよいとある。モルッカ諸島の民間伝承によると、クローブが花を咲かせると、村人たちは妊娠した女性に対するように接したという。実を結ばないことをおそれ、男性は木のそばを通るときはかならず帽子を脱ぎ、近くで騒がしい音を立てることも、夜に明かりや火を持って通りがかることもしない。モルッカ諸島には、子どもが生まれたときにクローブの木を植える風習がいまも残っており、木が豊かに実を結べば、子どもも無事成長すると信じられている。

シナモン採集の図。16世紀の木版画。

昔は、クローブの木はとても「熱い」ため木の下では何も育たない、水差しの水もクローブの木のそばに置くと、2日も経たないうちに蒸発してしまうといった迷信があった。東インド諸島の先住民の中には、最近まで、悪霊が体に入り込まないように、クローブを鼻の穴に詰めたり、口にくわえたりする人たちがいた。

スパイスは、儀式に用いられたり、贈りものにされたりするばかりでなく、貴重な品として収集されることもあった。富裕な家では、食事のときに金や銀のお盆にスパイスを載せて回した。この「スパイス用大皿」には小さな仕切りがあって、来客たちが料理に好きなスパイスをかけられるようになっていたのだろう。その料理もスパイスでしっかり味つけされていたはずだ。当時の富裕層の食事では、料理が隠れるほどどっさりスパイスがかけられた。いまでいう「顕示的消費」「自分の財力を誇示するために行なう消費」の中世版だ。ワインにスパイスを入れて飲むこともあった。

●ヴェネツィアとジェノヴァ

ヴェネツィアとジェノヴァが、港町として、海軍国として、香辛料貿易のパイプ役として台頭できたのは、北ヨーロッパと中東の中間に位置する絶好の立地と、新興勢力である商人階級の存在というふたつの好条件が重なったからだろう。ヴェネツィア商人は、あるときは帆で風を受け、またあるときは櫂を漕いでアドリア海から地中海を南下し、古くから「パレスチナへの鍵」として知られた海港アッコ（現在のイスラエル沿岸部）で荷揚げして、エルサレムまで陸路で荷を運んだ。

イスラム教徒の世界地図（アル・カズウィニ作。1032年頃）。北が下にある（ヨーロッパやイスラム圏の古い地図にはよく見られる）。西が右側で、黒い四角がローマ、丸がコンスタンティノープルを表わす。

12、13世紀を迎える頃には、ヨーロッパは著しい経済成長を遂げていた。いまやヨーロッパには、東のスパイスと交換できる織物や金属などの商品があった。ヴェネツィアのリアルト橋のたもとにある市場にはロンバルディア人、フィレンツェ人、ドイツ人が集い、銀行、国際金融、国際貿易といったあらたな世界で取引を行なっていた（橋の近くにあった精肉市場や魚市場は銀行や国際的な貿易会社の本部に取って代わられた）。

ドイツは当初亜麻布を輸出していたが、ザクセンなど各地で銀山が発見されてからは、この高価な金属をスパイスと交換するようになり、スパイスは徐々にドイツをはじめヨーロッパ各地の食習慣に浸透した。中国とインド洋の島々に銀貨に対する需要がなかったなら、香辛料貿易の歴史も変わっていたかもしれない。フランドルやイギリスの商人は銅や毛織物を、コショウ、シナモン、クローブ、ナツメグ、ショウガと交換した。東のスパイスは船で西ヨーロッパに運ばれ、主要港として成長を続けるフランドル地方の都市ブリュージュで降ろされた。最初はジェノヴァ人、その後はヴェネツィア人が、地中海からポルトガルのリスボンを経由し、イギリス海峡を越えてブリュージュへ荷を運んだ。

東の原産地からインド洋を越えてやってくるスパイスは、たいていアラビア湾のホルムズ海峡か、アラビア半島の南東端アデンの港で船から降ろされた。そして多くの場合、ラクダの背に積み替えられた。この「砂漠の船」は、メッカやメディナから、アラビア半島を通ってカイロ、アレクサンドリア、もしくはアッコに向かった。ホルムズ海峡から北西の黒海へラクダで向かうルート、東から迂回して船でアレッポや近隣の港町へ向かい、そこからキプロス島を経由してヨーロッパへ向かうルートなどがあった。

ジェノヴァは、「長靴」形のイタリア半島北西部、地中海に面するリグーリア海岸を本拠地としていたが、ヴェネツィアとともに、イスラエル沿岸部、アッコ、さらに北レバノンのティール［現在のスール］にも足がかりを築いた。ジェノヴァとヴェネツィアは、かつて十字軍遠征に協力したことが幸いして香辛料貿易の一角を担うようになった。互いに激しくしのぎを削り、ついに戦争まで起こしたが、最後は利益を優先して取引を続けた。

しだいにヴェネツィアは、コンスタンティノープルに代わる交易の一大中心地となっていった。ヴェネツィアには北ヨーロッパのさまざまな品物に加え、東ヨーロッパからもワイン、油、蜂蜜、蠟、木綿、羊毛、獣皮などが集まってきた。ヴェネツィア商人は、スパイスを直接手に入れるため、なおも東へ遠征していたが、交易の中心地の常として商品のほうから自然に集まってくるようになったので、しだいに商品を仕入れに出かけなくて済むようになった。

東と西の香辛料貿易の興味深いエピソードがある。ヨーロッパの商人はカイロ、ティール、アッコ、シリアのアレッポなどの町に信頼できる筋の人間（たいていは親戚）を住まわせていた。ヴェネツィア人は、とくに血縁による協力関係を築くのが得意で、たとえばレバント［東部地中海沿岸地域の総称］に親戚をひとりといった具合にネットワークをつくった。すでに何世紀にもわたる歴史があり、独自の「信頼」システムを築き上げているアラブ・イスラム教徒の貿易網に対抗するには、ヨーロッパ人も同様のシステムを立ち上げる必要があった。
東と西の端から端まで品物をやり取りするのは、非常に時間のかかる作業だった。フランスの歴史学者フェルナン・ブローデルは東と西の香辛料貿易について考察し、『世界時間』（村上光彦訳。みすず書房）で次のように述べている。「最初にアレッポに到着してから、ヴェネツィアを経由してニュルンベルクに届けられるまで、インド産のコショウや東インド諸島産のクローブの袋がいったい何人の手を介したかを考えれば充分だ」

●楽園と経済とスパイス

中世のヨーロッパ人はスパイスを異国の商品としてだけでなく、宗教的文脈に則してとらえてもいた。この芳《かぐわ》しい商品は、インドやモルッカ諸島のようなはるか遠い場所からやってくるだけでなく、寓話の世界の産物でもあった。ヴォルフガング・シヴェルブシュの『楽園・味覚・理性――嗜好品の歴史』（福本義憲訳。法政大学出版局）から引用してみよう。

ヨーロッパ人の空想の中で、コショウは、楽園にほど近い沃野《よくや》に生い茂っていた。ショウガとシナモンは、ナイル川が流れに乗せて楽園から運んできたところを、エジプトの漁師が魚網で掬い上げたものだった。スパイスの香りは、楽園から人間界に吹き込まれてくる息吹にほかならない。中世では、スパイスの香りや味を知らずに楽園を思い描くことのできた作家はいなか

黒コショウの絵（17世紀中頃、明代）。コショウは中国北西部に生えており、中国人は昧履支と呼んだ。コショウの葉は夜は丸まって実を覆い、朝になると広がる。

ったただろう。詩的に描かれた楽園は――聖人のためのものであれ、恋人たちのものであれ――シナモンやナツメグ、ショウガやクローブのうっとりする芳香で満たされていなくてはならなかった。こうした空想を下敷きにして、恋人たちや友人たちはスパイスを愛情や友情の証として交換した。

中世という時代を知るには古い地図を何枚か見てみればよい。中世の人が、知っている世界と知らない世界の関係をどうとらえていたか、天国（そして地獄）が、どこかよその知らない、しかし地図上にはっきりと記された場所に存在すると信じていたことがわかる。

スパイスはヨーロッパ経済の成長には欠かせなかった。価格は決まっていなかったが非常に高価であることが多く、1393年、ドイツではナツメグ1ポンドが雄牛7頭と交換された。

11世紀、ビリングスゲイト［ロンドンの卸市場。かつてテムズ川岸にあった。現在は魚市場］を通行する船は、国王エゼルレッド2世におさめる通行料の一部をコショウで支払った。コショウの実は地代や税金にあてることもでき、ヨーロッパには帳簿の出納をコショウの数で記録していた町もあった。イギリスの農民の中には地代をコショウ1ポンドで支払っていた者もいた。これは、当時の農民の3週間分の賃金に相当する。ここから、借地契約を結んだ証拠にコショウ1粒を手渡すという慣習が生まれ、さらに「ペパーコーン・レント（名目家賃）」という慣用句もできた。コーンウォール公チャールズ皇太子は、1973年に地代の一部としてコショウ1ポンドを受け取っている。

十字軍ののち、ヨーロッパの人々の生活水準は向上した。ブリュージュ、ジェノヴァ、ヴェネツィアばかりでなく、ニュルンベルク、アウクスブルク、ボルドー、アントワープといった都市も独占貿易を発展させた。12世紀後半、コショウ商人のギルド（卸売商人や銀行家たちによって結成された職業的・宗教的同業者組合）が、ロンドンに立ち上げられた。このギルドは、のちにスパイス商人の組合と合併して、英国王のためにスパイス貿易を管理する団体「食料雑貨商名誉組合」に発展した（組合員は「まとめて（in gross）」商品を売買したため、そこから「莫大なもうけの出るもの（grosser）」、転じて「食料雑貨商（grocer）」という名詞も生まれた）。17世紀初頭には食料雑貨商名誉組合から一部の組合員があらたなギルドを結成する勅許を得て「薬剤師名誉組合」も誕生した。これは、スパイスと医薬の結びつきを尊重する組合で、長年にわたり支配的な立場にあった英国内科医師会への挑戦でもあった。

●マルコ・ポーロ

ここで、中世後期の偉大なふたりの旅行家、ヴェネツィア人マルコ・ポーロと、モロッコ人イブン・バットゥータの足跡をふり返ってみよう。じつに対照的なふたりだった。イブン・バットゥータは、マルコ・ポーロに比べてはるかに長い距離を旅した。西アフリカを出発して南アジア、さらに東アジアまで、現在の40か国を含む地域を旅した。一方マルコ・ポーロはまさしく「異星の客」として広大なモンゴル帝国の領土を横断し、中国で20年近くを過ごした。

中央アジアを横断して中国に赴いたマルコ・ポーロの旅は、イブン・バットゥータの旅に距離では及ばなかったものの、彼が体験したカルチャー・ショックの大きさはバットゥータの比ではなかった。

バットゥータは、ほとんどイスラム教世界を、すなわち「ダール・アルイスラーム（イスラムの家）」の内部を旅した。上流階級に属する文化的な人々の営みにおもに注目し、似たような立場にいる人々の関心を惹く題材について執筆した。自分と価値観は似ているが、慣習や風俗の異なる社会を、ときに饒舌に、想像をふくらませながら描写した。中国ではカルチャーショックを受け、「毎回、出かけるたびに許しがたい事どもを目にした。ひどく心をかき乱されるので、必要なとき以外は家から出ないようにしている」と記している。しかし、その後こうした見方を改め、「中国は旅行者にとって世界でもっとも安全で、楽しい国だ」と述べている。

マルコ・ポーロは、13世紀末の中国をはじめとするアジアの地域について、正確な情報を残してくれた。旅から戻ったのち、ヴェネツィア・ジェノヴァ戦争に際してジェノヴァの監獄に囚われたポーロは、当時のヨーロッパ人がまったく知らない異国の世界について、同じく投獄されていた著述家に詳細に口述した。これがのちに『東方見聞録』となった。

ポーロは最初に中国に向かって東へ旅をし、中国に20年近く滞在した。帰りは南の海路を、東南アジア、インド、ペルシアを通って帰国した。中国の港に運ばれてきた大量のコショウについては、インドからアレクサンドリアへ運ばれてくる量の100倍はあったと語っている。カシアやショウガなどの植物にも触れ、スパイスが使われているさまざまな料理や飲みものも紹介した。上海の南西に位置する杭州という町には毎日1万ポンド［約4500キログラム］のコショウが運び込まれてくるという話を役人から聞き、帰途では、東インド諸島でクローブ、コショウ、ナツメグの木を目撃した。

◉イブン・バットゥータ

バットゥータは、旅の最初に、アデンをはじめアラビア半島のさまざまな港に立ち寄った。その後東アフリカを訪れ、モガディシュで目にした食習慣について次のように記している。

彼らの食事はギー［醱酵バターを煮立たせ、沈殿物を取り除いた純度の高い溶かしバター］で炊いたライスで、……ライスの上にはクシャーンという、鶏肉、牛肉、魚、野菜のおかずが載って

コショウ、クローブ、シナモンなどのスパイスは、インドや東アジアからはるばる運ばれてきたので、買人たちは異物が混入されていないか、目を光らせなくてはならなかった。

いた［クシャーンはカレー汁の一種］。未熟のバナナをミルクで煮た料理、酸乳に酢漬けのレモンを添えた料理、酢や塩に漬けた山盛りのトウガラシ、新ショウガ、マンゴーもあった。

バットゥータは、セイロンのシナモン貿易に関する情報を記録した初期の目撃者のひとりだった。首都プッタラム（現在のコロンボの北）は、規模は小さいが華麗な街で、壁ととがり杭の柵が街を囲んでいる。近くの海岸は川から流されてきたシナモンの木であふれている。海辺のあちらこちらにある小さな山は、集められたシナモンだ。コロマンデル海岸やマラバル海岸の人々はこれらをただで運び出せるが、代償としてスルタンに布地やそれに類するものを贈る。

彼は、インド最南端に位置するコショウ栽培の中心地、ケララ地方の食事についても記している。絹をまとった美しい奴隷の娘が現われ、王の前に料理が入った碗を並べていく。娘は、青銅の大きな匙でライスをひと匙すくって皿によそう。そしてライスにギーをかけ、塩漬けにしたコショウの実や、緑のショウガ、塩漬けレモンやマンゴーを盛り付ける。王はライスを一口食べ、こうした付け合わせを少々食べる。ひと匙のライスがなくなると娘がお代わりをよそう。鶏肉の煮付けが出され、ふたたびライスといっしょにそれを食べる。

インドと東アジアの歴史に造詣が深いジョン・キイは著書『スパイス・ルート』で、イブン・バットゥータがいくつかの植物を混同していると指摘する。たとえばバットゥータは「クローブの実とはナツメグのことである。その実を包む花がメースである。そして実の中の花がメースである。私はこうしたすべてを実際にこの目で見てきた」と語っている。

イブン・バットゥータは、もっぱらイスラム世界について、イスラム世界の読者のために本を書いた。そこではスパイスやスパイス・ルートは既知のものであり、そういう意味では、あたらしい事実を伝えたわけではない。一方マルコ・ポーロは、ヨーロッパの人たちが見たことも聞いたこともない、魅力的な情報を伝える物語を著し、人々のスパイスへの欲望をかきたてた。

14世紀から15世紀にかけての中世後期、すなわち、北アフリカでマムルーク朝が圧倒的勢力を誇り、オスマン帝国がトルコを拠点に領土を拡大していた時代、地中海と呼ばれるヨーロッパの湖はオスマン帝国の水域だった。それは、１５７１年にギリシア西部コリント湾沖のレパントの海戦でオスマン帝国が敗北し、地中海貿易の支配権を失うまで続いた。しかし、地中海をオスマン帝国に支配されていたために、西ヨーロッパではあらたなルートを見つけて自分たちの市場にスパイスを運んでこようという気運が高まった。いわゆる大発見時代が幕を開けようとしていた。

第3章◉大発見時代

かくてわれら嵐をつき東の富へ向かう。
喜望峰をひとたび廻ればもはやおそれるものはなし
貿易風はつねに船を先へ送り
芳しき岸辺へわれらをやさしく運ぶ。
――『驚異の年』ジョン・ドライデン［17世紀のイギリスの詩人］

「大発見時代」とは、ヨーロッパ沿岸部、内陸部、およびイギリス諸島を含む西ヨーロッパの人々の視点に立った表現だ。15世紀末から19世紀にかけて、ポルトガル、スペイン、オランダ、イギリス、そしてこの4国ほどではなかったものの、フランスとデンマークが、南アジアと東南アジアというふたつの地域のスパイス市場をめぐり激しく戦った。これらの国々は、香辛料貿易の分け前を少しでも多く分捕ろうと西半球と東半球、すなわち地球という舞台でしのぎを削った。香料諸島に通じる北回りルート［北極航路］と南回りルートを発見しようとする試みもあった。16世紀から17

世紀にかけて、各国のスパイスをめぐる攻防はまさしく「史上初の世界戦争」にまでエスカレートした。

ヨーロッパが南アジアと遭遇するまでの1000年間、インド南西部のマラバル海岸は香辛料と香料の宝庫として繁栄していた——まさにここが文化の一極集中時代の扉を開く鍵となる。ヨーロッパが東に進出するまでの少なくとも500年間、マラバル海岸のケララ地方で、キリスト教徒、イスラム教徒、ユダヤ教徒、そしてヒンドゥー教徒はひとつの社会の土台を形成していた。ここには「黒い黄金」——小さな緑の実を房状につける、つる性植物——すなわちコショウが生えていた。

コショウの産地はインドの西海岸を南北に延びる西ガーツ山脈の南西地域である。滝や湖があり、サルやゾウが生息し、しっとりとした靄が立ち込める熱帯雨林地域。つまりコショウの生育には理想の環境だ。あるスパイス商人は、ここを「美しく平和な」土地と評した。コショウの木になった緑の実は、収穫後、茎から外してしなびて黒くなるまで天日にあてて乾燥させる。インド南西部には、いずれもインド料理に欠かせないショウガ、ターメリック、カルダモンも生えていたが、15世紀の最後の最後にヨーロッパ人がやってくる数百年前から、北西のアラブ世界でも、東アジアの商人のあいだでもスパイスの王様といえばコショウだった。

東南アジアにおける香料諸島（旧称モルッカ諸島、現在のマルク諸島）の位置が、大発見時代の第2の鍵となった。香料諸島は、現在インドネシアに帰属する活火山群島で、北をフィリピン、西をボルネオ島とジャワ島、南をオーストラリア、東をニューギニア島に囲まれている。香料諸島に

モルッカ諸島（ペトルス・プランシウス画）。ナツメグとクローブの原産地であるこの島々の名は、アラビア語で「大勢の王の島」という意味のモルクという言葉に由来する。島の数が17,000を超すといわれるこの場所にぴったりの名だ。下部にナツメグとクローブが描かれている。

は、クローブの原産地であるテルナテ島、ティドレ島、モティ島、マキアン島、バチャン島の5つの島と、ナツメグとメースの原産地であるバンダ諸島がある。バリ島やティモール島のようなインドネシアのもっと大きな島にもスパイスはあったが、ナツメグとクローブが採れるのはこれらの島だけだった。

ヨーロッパ人による香料諸島とインドの最初の記録は、イタリア人旅行家ルドビコ・バルテマの『旅程 *Itinerary*』（1510）に見られる。ドナルド・F・ラックの『ヨーロッパの形成におけるアジア *Asia in the Making of Europe*』によれば、バルテマはレバントでアラビア語とイスラム教の知識を仕入れてから東へ向かったらしい。1502年にヴェネツィアを出発し、

マラッカ（マレーシア。現在の名称はムラカ）。マラッカは、インド洋とスパイス諸島を結ぶ要衝だった。同じ名の細長い海峡の上に広がるマレー半島西海岸南部に位置する。マラッカは長年にわたり中国と西を結ぶ交易の重要な中継地だった。ポルトガル人、その後はオランダ人の統治下にあった。

1504年にインドに到着。1505年初頭にカリカット（現在のコージコード）を訪れている。カリカットの滞在記録のほとんどはコショウ栽培とインド西部マラバル地方に住む人々の風俗に割かれている。その後、バルテマはインド最南端のコモリン岬を回り、インドの東海岸を北上した。

ラックは、ここから『旅程』の描写はあやふやで不正確になると指摘する。しかし、そのあとでナツメグやクローブの木に関する記述もあるので、モルッカ諸島にも滞在したのだろう。バルテマは、インドの西海岸からポルトガルの船でヨーロッパへ帰国し、ローマで旅行記を出版した後に亡くなった。

インド同様、香料諸島にも、広域にまたがる香辛料貿易網が数百年前から存在した。スパイスと取引されていたのは、中国の絹、インドの木綿、アラビアのコーヒー、アフリカの象牙だった。この交易網がどれほど広大であったかは、インドネシアの国土（シンガポールの南から東端までの長さ）が約３０００マイル［４８３０キロ］、すなわちニューヨークからロサンゼルスまでの距離にほぼ匹敵することを考えてみればよい。

　香辛料貿易に力が入れられるようになると、ポルトガル人、オランダ人、イギリス人、スペイン人、そしてのちにフランス人とデンマーク人にとって香料諸島は重要な地域になった。16世紀中頃には、アフリカ大陸を回ってインドと香料諸島に到達するポルトガルの交易ルートと、メキシコからフィリピンのマニラを経由するスペインの太平洋横断ルートが完成し、ヨーロッパの船が、世界の大洋の中緯度地域を行き来するようになった。この亜熱帯の海上交通路《シーレーン》をわがもの顔で航行していたのはイベリア半島の二大国であったため、イギリスはとくに熱心にスパイスの島へ通じる北回りルートを探した。

◉ポルトガルが東に進出する

　１４９８年、ヨーロッパとアジアが歴史的、かつ壮大な出会いを果たす。きっかけを作ったのはポルトガル人だった。言葉も習慣もまったく知らない人々が住む未知の国へ足を踏み入れるところを想像してみよう。一瞬で言葉が通訳され、異文化に関する知識があふれ、陸、海、空からどんな場所へもたちどころに移動できる現代人にとって、それがどれほどたいへんなことかを理解するのは難しいだろう。１４９８年、ポルトガル人探検家ヴァスコ・ダ・ガマ［１４６０頃〜

1524」は、インド西部マラバル海岸の港町カリカットに到着したとき、自分がたどりついた世界を理解するためにたいへんな苦難を強いられた。

ポルトガルは1498年から1622年まで、すなわちポルトガルの船がリスボンを出航し、アフリカ東海岸のモザンビークを経由してインド西海岸の南のコーチンか北のゴアに到着する「インド航路（カレイラ・ダ・インディア）」が機能しているあいだ地球を精力的に探検し、勢力を拡大した。

ダ・ガマがインドに到着したのは、ムガル帝国がインド亜大陸を征服する28年前だったから、当時カリカットとケララを支配していたのはヒンドゥー教徒だった。しかし、輸出業を管理していたのはイスラム教徒のアラブ人とペルシア人で、彼らは外国人に好意的でなかった。ダ・

ゴア。陸に囲まれたこの島は、インド、マラバル海岸におけるポルトガル・スパイス帝国の中心であり、アジアで唯一の造船港でもあった。

ガマは部下たちを引き連れてカリカットの君主ザモリンに拝謁し、自分の主君であるポルトガル王マヌエル1世がいかに裕福であるかを力説し、縞模様の布、緋色の頭巾、サンゴの首飾り、洗面器、砂糖、油と蜂蜜などのささやかな贈り物をした。ザモリンはこの「貢物」を受け取るあいだもずっと玉座に腰をおろし、キンマ［東南アジアなどで愛好されていた嗜好品］を噛みながら黄金の痰壺に唾を吐いていた。この贈り物はザモリンをひどく失望させ、イスラム教徒の相談役に、ダ・ガマらは海賊に違いないと注進させる隙を与えてしまった。

ポルトガル人一行はそれからヒンドゥー教の寺院に連れて行かれ、ダ・ガマはそこで聖母マリアに似た聖像を見かけて（彼はあとでその像に水を振りかけた）、この建物は一風変わったカトリック教会に違いないと考えた。船に戻る途中、ダ・ガマとその部下たちはカリカットの商人に数日間監禁され、あやうく命を奪われかけたが、ザモリンに救い出された。

この出会いについて次のような伝説がある。ダ・ガマはインドを去る前に、祖国に移植したいのでコショウの枝を1本頂戴したいと願い出た。相談役らは激怒したが、ザモリンは落ち着き払って「コショウを持ち出すことはできても、わが国の雨を持ち帰ることはできまい」と答えたという。

数か月後、ダ・ガマはコショウの実少々と宝石を手に入れてポルトガルへ向けて出港した。帰りの旅は苛酷で、大勢の乗組員がおもに壊血病が原因で命を落とし、人手が足りなくなったためにアフリカ東海岸で船を1隻焼却処分しなくてはならなくなった。残りの2隻の船は何回か寄港して水と食糧を補給し、喜望峰を回ってから、それぞれ別々に2年ぶりのリスボンへ帰着した。

ダ・ガマとザモリンの面会をふり返ると、先に挙げたようなみすぼらしい貢物で船いっぱいのコショウを手に入れられると考えていたほどポルトガル人が無知だったとは信じがたい。なにしろヨーロッパには数百年前から東洋の世界に関するさまざまな伝説が伝わっていたのだ。東の富の物語を鵜呑みにしなかったとしても、ダ・ガマら探検家は、黒コショウのような貴重な品物の取引についてもっと慎重に準備するべきだった。その後、スパイスは銀や金などの高価な品物としか交換できないとわかったのだろうが。

ダ・ガマは、イスラム商人、すなわちアラブ人やペルシア人商人の独占を切り崩さないかぎり、インドであれどこであれ、ポルトガルが成功する見込みはないと悟った。イスラム商人たちは何世紀にもわたってインド洋の交易を取り仕切っており、カリカットは東と西の交易の中心だった。

1500年3月、ポルトガルは1200人の兵士を載せた13隻の武装艦隊をインドに派遣した。艦隊の司令官はペドロ・アルヴァレス・カブラル［1468〜1520］。リスボンを出航した艦隊は、風を利用して喜望峰を通過するために南西に針路を取った。やがて陸地が近づいたので、ついに上陸を果たすと、そこはブラジルで、彼らはブラジルの土を踏んだはじめてのヨーロッパ人となった。これは新大陸を発見するための計画的な試みだったのか、それとも偶然か？　歴史家たちのあいだにも定説はない。カブラルは新大陸発見の知らせを報告するため1隻をポルトガルに帰国させた。ブラジルを出発したあと、艦隊は激しい嵐に襲われて散り散りになり、沈没する船も出た。嵐をくぐり抜けた7隻はアフリカ東海岸で合流してカリカットへ向かい、リスボンを出航して半年後に目的地に到着した。

ポルトガル人たちを迎えたザモリンは商館の建設を許可した。この恩義に報いようと、カブラルはゾウを輸送していた船をイスラム教徒から奪い、ゾウをザモリンに献上した。イスラム教徒は報復としてポルトガルの商館を襲い、50人以上のポルトガル人を殺害した。そこでカブラルは、イスラム教徒の船10隻を乗組員ごと焼き払い、カリカットの町を砲撃した。これはイスラム教徒に対する最初の戦争行為であり、ヒンドゥー教徒のザモリンも町を破壊されたことに激怒した。

ポルトガル人はカリカットを去り南の町へ、次いで海岸沿いに北の町へ行った。すでにそこではポルトガル人たちの火器に関する噂が広まっていたため、ポルトガル人は北でも南でも君主にうや

インドのポルトガル貴族。マラバル海岸を行くポルトガルの役人とその従者たちを描いた絵。16世紀、インド人画家の作。

うやしく迎えられ、コショウなどのスパイスを船に積み込んで帰国することができた。ヨーロッパ中の商人と投機家たちが、ポルトガル人と彼らの貿易ビジネスに出資したいとリスボンに押し掛けた。一方、これはヴェネツィアにとってありがたくない知らせだった。これまで数世紀にわたって「アドリア海の女王」にヨーロッパ市場を独占することを許してきたインドからの陸上貿易路には大きな痛手だったからだ。

ポルトガルは快進撃を続けたが、それは異文化どうしの血まみれの出会いも引き起こした。カブラルの後任としてカリカットにやってきたのはヴァスコ・ダ・ガマだった。ブラジル発見者は出発間際に解任されたのだった（カブラルはダ・ガマを恨んだが、引退に追い込まれる）。ダ・ガマは前回よりさらに多くのコショウを積んで帰国し、その後アルフォンソ・デ・アルブルケルケ［１４５３〜１５１５］がコーチンに要塞を築き、ポルトガルのインド支配を固めた。

１５０３年から１５４０年にかけて、ヨーロッパで消費されたコショウの大半はポルトガル人が運んできたものだった。１５４０年には、インド西海岸に住むヨーロッパ出身者の数は１万を超えた。ポルトガルはアジアにスパイス貿易の拠点を築いたが、紅海の入り口にあるイスラム教徒の港町は奪えなかった。これらの港も制していたら、ポルトガル人は、東から西へ陸と海を通って運ばれてくるスパイス貿易の大半を支配していただろう。当時ポルトガルは北半球のスパイスの輸送を一手に引き受けていたが、ポルトガル本国の住民は、スパイスの原産地のインド人や、インドに住むポルトガル人のように、スパイスを料理に気軽に取り入れはしなかった。とはいえ、トシー

アルフォンソ・デ・アルブケルケ。ゴアの征服者、第２代インド総督。インド洋の香辛料貿易におけるイスラム教徒の独占体制を崩したのは彼の功績だ。1511年に交易の要衝マラッカを、その４年後にはホルムズ海峡を占領した（それによってペルシア湾を支配できた）。

ニュ・ド・セウ（天国のベーコン）［伝統的なアーモンドケーキ。ブタのラードが入っている］のようにシナモンを使った料理も作られるようになった。カルネ・デ・ヴィーニョ・エ・アリョス（豚肉と白ワイン、ハーブ、オレンジの煮込み料理）などの豚肉料理にもクローブが入っている。

当時、ヨーロッパでスパイスの使い方をもっとも心得ていたのはイタリア人だった。おそらく、スパイス輸入の長い歴史を持つ港町ヴェネツィアとジェノヴァがあったからだろう。早くも13、14世紀頃からスパイスミックスにはシナモン、クローブ、コショウが入れられていた。

スパイス研究家ジル・ノーマンが「スカッピのスパイスミックス」（スカッピはローマ法王ピオ5世につかえた料理人。16世紀にたいへん影響力があった料理書『料理の芸術 *Opera dell'Arte del Cucinare*』を著した。これはそのスカッピが考案したレシピ）の材料を紹介している。シナモンスティック24本、クローブ30グラム、ドライジンジャー15グラム、ナツメグ15グラム、パラダイスグレイン（西アフリカ原産のスパイスで大きなさやに入った種を使う。ピリッとした辛味がある［現在ではあまり使われない］）7・5グラム、サフラン7・5グラム、三温糖15グラム。スカッピは、シナモンスティックを細かく砕き、そのほかの材料はすべて粉末状にすりつぶし、密封瓶に入れておけば、3、4か月は保存できると言っている。

その後16世紀末まで、ポルトガル人は香料諸島と、東アジアと東南アジアにある香辛料貿易のルートを探すために東へ移動を続けた。その企ては成功し、彼らはマレー半島南西端にあるマラッカを征服した。マラッカは、海上交通の要衝で東南アジアと香料諸島への入り口でもあるマラッカ海

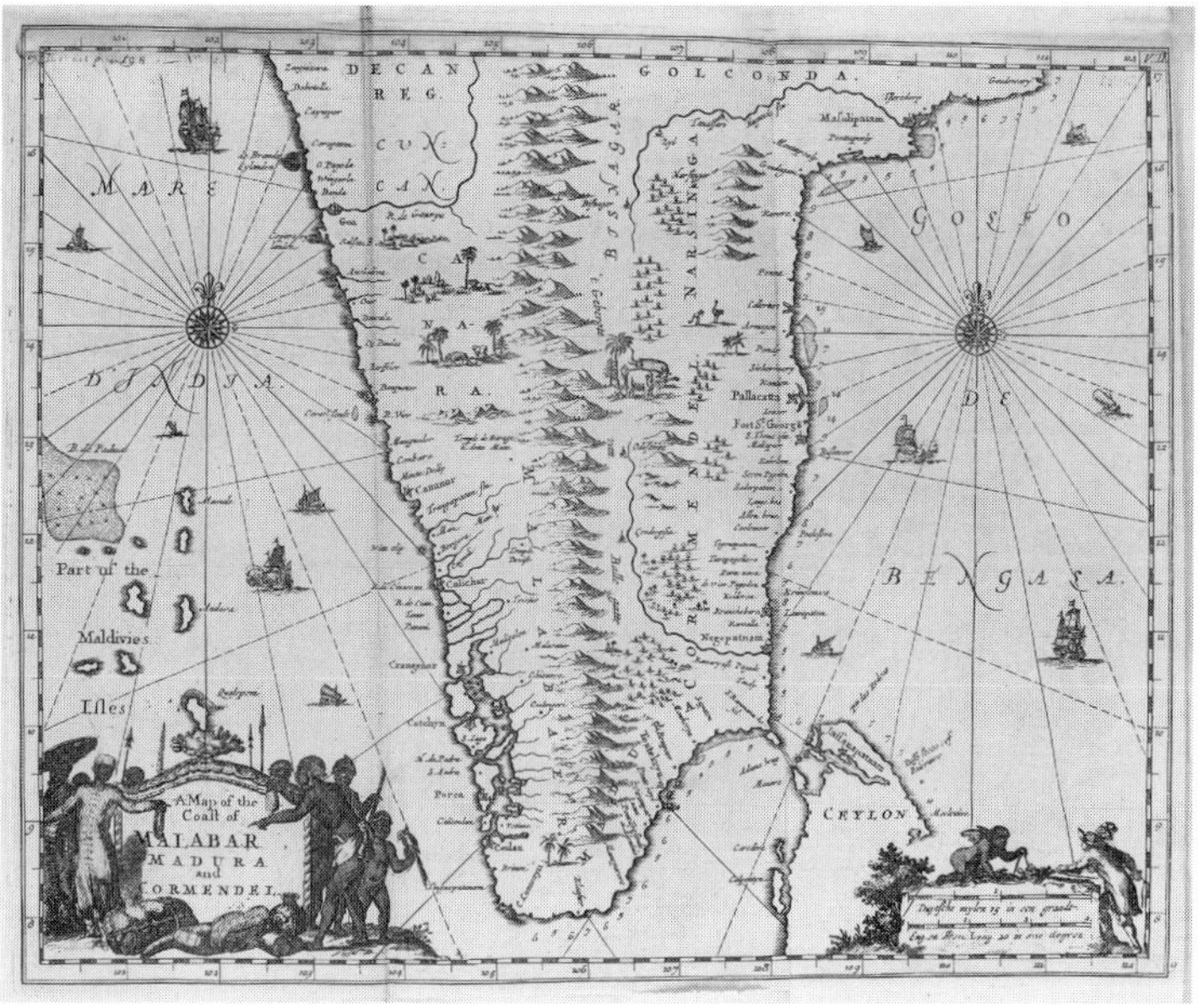

18世紀のインドの地図。左側にマラバル海岸（黒コショウの産地）、右側にコロマンデル海岸、南部にマドゥライが示されている。

峡に面した港市だった。ポルトガルは軍事力にものを言わせてスパイスの産地で勢力を拡大する一方、アジアの歴史ある陸の大国は海に関心がないか、あったとしてもほかの国々との争いに忙殺されていることにも気づいた。はるばるイベリア半島からやってきたポルトガルが海でわがもの顔にふるまうことができた背景には、そうした事情もあったのだ。

　ポルトガル人が南アジアと東アジアで巧みに潜り込んだ圧倒的なイスラム教徒の貿易網も、依然として繁栄していた。ポルトガル人はスパイス貿易を支配したのではなく、その一部を手に入れたにすぎなかったのである。さらに、マカオを拠点とする中国人相手の貿易では、中国人に主導権を握られていた。インドのマ

「ユピテルとユノに護られる地球」16世紀のタペストリー。金糸、銀糸、絹糸、羊毛が使われている。ポルトガルの王と女王が、世界にまたがるポルトガル帝国の領土を指し示している。アフリカとインドのポルトガル基地を表わす金色の小さな丸と四角に注目しよう。

ラバル海岸では香辛料貿易の約5パーセントを支配したにすぎず、コショウ貿易に関しても全体の10パーセントを手に入れたにすぎなかった。香辛料貿易に投資したポルトガルの商人たちにとってはたいした稼ぎになったかもしれないが、ポルトガル王室の「ポルトガル領インド」事業は赤字続きだった。ポルトガル人はインドへの航海で利益を得たが、ヨーロッパの富の大半は、陸上の紅海ルートからスパイスを運び込む商人たちによって稼ぎ出されていた。

そうは言うものの、世界は変わりつつあった。そしてイギリスの歴史学者C・R・ボクサーによれば、ポルトガル帝国は東半球と西半球から次のような製品を集めた。ギニア、アフリカ南東部、スマトラ島の金。マディラ諸島、サントメ島［西アフリカ、ギニア湾にある島］、ブラジルの砂糖。マラバル海岸とインドネシアのコショウ。バンダ諸島のメースとナツメグ。テルナテ島、ティドレ島、アンボン島のクローブ。セイロン島のシナモン。中国の金、絹、磁器。日本の銀。ペルシアとアラビアの馬。そしてインドの綿織物。詩人ルイス・デ・カモンイスは16世紀に叙事詩『ウズ・ルジアダス――ルーススの民のうた』（池上岑夫訳。白水社）を書き、東への航路を開拓した同胞の航海者たちの栄華を賛美した。

インドの名高き海岸が、南の最果てコリ岬、
いまはコモリン岬に続いている。岬の向こうには、
古のタプロバーナ――いまの名はセイロン――が見える。

これからやって来るポルトガル兵は、
この海岸一帯を踏破し、勝利し、土地と街を征服し、
長い月日にわたりここを住処とするだろう。

栄光の日々よ、とこしえに。そんな夢ははかなく消えた。17世紀に入ると、ポルトガル人の支配は、オランダ人、イギリス人、そして、以前より強硬な手段で自分たちの権利を主張するようになった地元の領主たちによって蝕まれていった。17世紀末には、ポルトガル人はアジアの拠点の大半を失っていた。

◉スペインが東と西を結ぶ

1492年、クリストファー・コロンブス［1451頃～1506］が「新大陸」を「発見」したのち、スペインは西半球――すなわち、メキシコ、中米、南米――に力を注いだ。とはいえ、スペイン王室が香辛料貿易に関心がなかったわけではない。実際、コロンブスの航海のそもそもの目的は、東の香辛料貿易の本拠地をつきとめることにあった。その後、ポルトガル人探検家で、同じくスペイン王室の庇護を受けたフェルディナンド・マゼラン［1480～1521］が世界一周航海を行ない、フィリピン諸島を探検した（彼はそこで落命した）。スペイン人はフィリピンでスパイスと黄金を探したが、たいした成果は得られなかった。

15世紀のドイツの写本『健康の園』に描かれているシナモンの木。シナモンの木は200年以上生きるといわれている。

しかし、そこにはポルトガル人もオランダ人もおらず、香料諸島からも近かったので、スペイン人は植民地を築き、のちに首府マニラとメキシコのアカプルコを結ぶ交易ルート、通称「マニラ・ガレオン」を開いた。一時期シナモンがこのルートで、つまり太平洋を横断してメキシコに運ばれたこともあったが、スペインからアメリカに到着したスパイスのほとんどは、直線的ではあるが非常に距離の長い太平洋横断ルートではなく、インド洋と大西洋を横断する伝統の西向きルートで運ばれた。

地球一周の旅に出たマゼランは、スパイスを見つけるか、スパイス貿易の交渉をするという任務をスペイン王室から託されていた。マゼランに同行したアントニオ・ピガフェッタは、香料諸島に立ち寄ったときに見かけたスパイスについて次のような記録を残している。島で「見つけることが

インドネシア東部の島、テルナテ島はクローブの原産地。この島を支配していたイスラム教のスルタンたちは、東にも西にもクローブを売って巨万の富を得た。

できた最良のシナモン」は、樹高が高く、葉は月桂樹の葉に似ている。枝は「指くらいの太さ」で、1年に2回樹皮を収穫する。ナツメグの木はクルミに似ていて、朱色のメースが種を覆っている。ピガフェッタは、非常に珍しく、貴重なスパイスと考えられていたクローブについて、とくに詳細に説明している――木の高さと太さ（「人間とほぼ同じ高さと太さ」）、葉の形、樹皮の色、そしてクローブの実について。先に述べたように、クローブは香料諸島の5つの島の山中のきわめてかぎられた場所にしか育たなかった（いまもそこにはクローブの木が生えている）。ピガフェッタは、木の周囲には毎日霧が立ち込め、湿った空気と冷涼な気温のために「クローブは完璧になる」と記している。主を失ったマゼランの船は貴重なクローブをスペインに持ち帰った（残念ながら、この有名な遠征に参加したもう1隻の船は、クローブを積みすぎたために浸水して帰国できなかった）。

スペイン王室はスパイスを原産地から譲ってもらうだけでは飽き足らず、フィリピンや中南米の植民地でスパイスを探したり、自分たちが支配する土地にスパイスの木を移植できないかを検討したりするようになった。ついにフィリピンでプレミア・スパイスの亜種が見つかった。シナモンやコショウ、ナツメグの在来種が生えていたのだ。シナモンはありあまっていて、野生のコショウは薪に使われているほどだった。

しかし、幾度か栽培が試みられたものの、ナツメグやクローブのようなスパイスが採れるようにはならなかった。地球の裏側では、コロンブスがシナモン（実はシナモンではなかった）とコショウ（パナマとコロンビアで長コショウが発見された。当時は香りの強い長コショウのほうが健康によいと考えられていた）を発見したと思い込んでいた。エクアドルのキト付近でもシナモンの亜種が発見され、ヨーロッパに運ばれてきたが、味も香りもなかった。おそらくそれはシナモンではまったくなく、船乗りたちの勝手な思い過ごしだったのだろう。

スパイスの移植は、「ヌエバ・エスパーニャ」と呼ばれたアメリカ植民地に暮らすスペイン人にとって重要な仕事だった。スペイン人は料理のアクセントとしてだけでなく、薬としてのスパイスにも関心を持っていた。711年、アラブ人（イスラム教徒）にイベリア半島南部を征服されてからスペイン人は多くを学んだ。アラブ人は、イベリア半島を征服した数世紀のあいだに植物と植物の移植に関する数多くの実験を行なっていた。そのため、スパイスなどの植物を医療に役立てるための知識を求める気風がスペイン帝国に根付いていた。

1550年頃、ヌエバ・エスパーニャには、黒コショウ、クローブ、シナモン、ショウガの種を植える独占権（アシエント）が与えられたが、これらの中でちゃんと根づいたのはショウガだけだった。17世紀にはクローブの移植が試みられたが、失敗に終わっている。ひんやりと湿った大気に満たされた香料諸島の5つの島の条件を再現するのは困難だった。

しかし、ショウガ（*Zingiber officinale*）はひとつの成功談だ。ショウガはヌエバ・エスパーニャだけでなく、セビリアの町とその近郊、そしてアルカサル（セビリアにあるスペインの宮殿）の庭園にも根付いた。8世紀から1492年のムーア人追放［国土回復戦争《レコンキスタ》完了］まで、スペイン南部ではアラブ料理が主流であり、その伝統はもちろんその後も受け継がれた。アメリカから運ばれてきたトウガラシは、徐々にさまざまな形で利用されるようになった。炭の上で焼いたり、ゆでたり、塩、油、酢と調理したり、干して粉末状に砕いたりした。黒コショウの代用品にもなった。

◉オランダが競争に加わり、覇権を握る

16世紀、ポルトガルは世界のはるか彼方にまで手を広げ、その勢力は、西はブラジル、東は日本にまでおよび、首都リスボンは西ヨーロッパの一大中心地となった。しかし、その支配はまもなくオランダに脅かされることになる。ポルトガルが東の香辛料貿易のヨーロッパの覇者に登りつめよ

うとしていたとき、オランダ人はヨーロッパの河川やバルト海の交易を牛耳っていた。オランダ人が商売と航海のセンスに秀でていたことはあきらかだった。しかしでは何が、彼らを東の大洋へ駆り立てる原動力となったのだろうか。

16世紀中頃、低地地方［現在のベルギー、オランダ、ルクセンブルクを中心とする地域］には、ネーデルランド17州という複雑な連合国家群が存在し、カトリック教徒であるスペイン王の支配を受けていた。１５６６年、カルヴァン派プロテスタントがスペインに反発して武装抵抗運動を開始する。そして１５７９年、こうした武装衝突の末にユトレヒト同盟が結成され、ネーデルランド南部はスペイン領に留まったが、北部７州はアムステルダムを中心とするオランダ共和国となった。１６０２年には世界貿易のための会社が設立され、その後80年間でこの小さな連邦国家は世界貿易の頂に登りつめる。オランダはバルト海やヨーロッパの河川で海運業を営んでいたため、その後地球規模で経験することになる変革や拡大は経験済みだった。

海洋に出たオランダが最初に目指したのは東ではなく、ブラジルを中心とする西半球で、１５９３年に行なわれたブラジル遠征では、アムステルダムに船いっぱいの黄金と象牙がもたらされた。１６２１年、オランダはヨーロッパ＝ブラジル貿易のおよそ3分の2を支配し、同年オランダ西インド会社が設立され、貿易を管理するようになった。

オランダのアジア進出の足がかりを作ったのは、ポルトガル人と一緒にアジアへ航海していたオランダ市民だった。彼らは香辛料貿易のルートに関する貴重な知識を入手した。１５９４年、オランダからインドネシア行きの船が出港し、2年後、そのうちの数隻が、遠征費用が回収できる程度のささやかな量のコショウを積んで帰ってきた。1598年、あらたに艦隊が編成されて出発し、今度は1年と3か月もしないうちにスパイスを山ほど積んで帰ってきた。船にはコショウ60万ポンド［約270トン］、クローブ25万ポンド［約113トン］、それより少ないがメースとナツメグも積まれていた。あるオランダ人は「オランダという国ができてからこれほどの宝を積んだ船を見たことはない」と言った。この航海の総利益率は400パーセントにのぼった。

そこで東との貿易に本腰が入れられるようになり、1601年には14の艦隊と計65隻の船が東インド諸島を目指して出発した。しかしながらこうした初期の航海には根本的な問題があった。オランダを出発した艦隊や船の持ち主は、個人の貿易会社か、オランダ北部か南部の州の会社だった。ユトレヒト同盟はオランダ全体の経済的利害を束ねていなかったので、香料諸島で同じ港に停泊したオランダの船どうしが同じスパイスをめぐって争うはめにもなった。これは理想とはほど遠い状況だった。1602年より前は、オランダの船や艦隊はそれぞれの港に戻り、利益も、失敗に終わった航海の損失も全員で分担されるわけではなかった。複数の貿易会社が破産の危機に瀕していた。そこで、それぞれの利害をめぐる議論と交渉が繰り返された結果、1602年末、連合東インド会社（通称オランダ東インド会社、略称ＶＯＣ）が産声をあげた。

一元化されたオランダ経済の羅針盤の針は、いまやまっすぐアジアに向けられ、オランダは（ほぼ）成功をおさめた。オランダ人の貿易のやり方は単刀直入だった。スパイスを購入するに際してヴァスコ・ダ・ガマのように粗末な貢物をするのではなく、銀貨を使った。1605年、オランダはポルトガルから香料諸島を奪い、1641年にはマラッカを占領し、1656年にはコロンボ［セイロンの首都］を手に入れた。1658年にはセイロン島とシナモン貿易を支配し、1662年にはコーチンも傘下におさめた。世界規模のスパイス貿易にあらたな牽引役が登場した。当時のオランダの歌に次のようなものがある。

利益の導くところ、
すべての海に浜に行こう。
富のためとあれば
世界中の港を探検しよう。

オランダ人は次々と成功をおさめたが、異文化との出会いからは苦い教訓も得た。オランダ東インド会社が設立されて1年も経たない頃、セイロン島でシナモン貿易に割り込む手立てを探していると、シンハラ族のマハラジャが近づいてきた。長老は言った。自分はコロンボの東、島の中心部に位置するキャンディに住む者である。ポルトガル人を追い出すのを手伝ってほしい。彼は、ポルトガル人がシナモンの産地である豊かな沿岸部を占領して自分を内陸部へ追い払ったことに腹を立てていた。

一方、オランダ人の船乗りたちは長いあいだ海の上で塩漬け肉ばかり食べていたので、丘の中腹にいる数頭の牛を見て、新鮮な牛の肉が食べたくなった。牛を売ってくれというオランダ人の申し出に、シンハラ人たちは震え上がった。彼らの宗教では、牛には亡くなった先祖の霊が宿っていると考えられていたからだ。オランダ人の船長はこれをまじめに取り合わず、部下に牛を数頭殺してもかまわないと言った。既成事実を作ってから支払えばよいと考えたのだ。シンハラ人がひどく怒ったのも無理はない。両者の関係は険悪になった。

オランダ人は文化の違いを軽視したために、スマトラ島北端に住むアチェ族のスルタンにも同じような過ちを犯した。イスラム教国の王に、豚皮紙に書いた挨拶状を送ったのだ。[イスラム教で豚は汚れた動物とされている] 異なる文化の一極集中が招く不和はその後も続いた。

この時代に活躍したのが、オランダのマルコ・ポーロとも称されるヤン・ホイフェン・ヴァン・リンスホーテン［１５６３～１６１１］だ。彼は、オランダ人のアジアへの進出と異文化との出会いを生き生きと綴った。著書『東方案内記』(岩生成一他訳。岩波書店）には、16世紀のスパイスの世界が描写されている。改訂版にはオランダ帝国に対する洞察も書き加えられ、17世紀になってからドイツ語と英語に翻訳された。商人で探検家でもあったリンスホーテンは、１５７９年頃ポルトガルに出て、その後西インド海岸のゴアに派遣された。ここで彼は地図や、ポルトガル貿易の交易所や補給所に関する重要な情報を書き写した。これがのちにオランダ人に非常に役立った。

リンスホーテンは、スパイスの木と、スパイスの産地についても詳細に記している。モルッカ諸島のクローブの産地の住人は「ミルクに少量のクローブを混ぜて」飲む、これは「色欲をかきたてる」飲みものと言われている、などとある。1579年から1592年にかけて出版されたとき、この本は、オランダ・スパイス帝国の発展に寄与したばかりか、イギリス人のスパイス探しにも役立った。

それからおよそ100年後、オランダ公使フランソワ・ヴァレンティン［1666〜1727］が香料諸島を目指して出発し、最終的にセイロンに到着した。鋭い観察眼を持つヴァレンティンによるアジアのオランダ・スパイス帝国の描写は傑作だ。セイロン島の形を巨大なハムになぞらえ、シナモンの木と、シナモンスパイスが作られる工程を生き生きと描写している。

これらの木には非常に背の高いものもあれば、中位のものもある。葉の大きさはシトロンの葉くらいで、厚みと色は月桂樹の葉に似ており、縦に3本の葉脈が走っている。開きかけた新葉は、緋色のように濃い赤をしており、細かくちぎるとシナモンというよりクローブのような匂いがする。シナモンは白い花をつける。美しく、芳しい。果実はオリーブの実くらいの大きさ……木は、ジャングルのほかの木のように自生しており、現地民はこれをたいして価値のあるものと考えていない。木には2枚の樹皮があり、外側の、シナモンに見えない部分をナイフで削ぎ落とす。いちばん奥が本物のシナモンで、湾曲したナイフの刃で、最初に丸く、次に長細く切り取り、日に当てて乾燥させると、端から丸まっておなじみの筒状になる。……ここのシ

「東インド会社の役員夫妻の肖像。バタヴィア（現ジャカルタ）を背景に」アルベルト・カイプ。1650年頃。オランダ帝国ではスパイスを盗んで捕まった者は死罪を免れなかった。

ナモンには3つの種類ある。若い木か中位の樹齢の木の皮から作られる繊細な風味のもの、次に、幹の太い老いた木から採れるざらざらしたもの、3つめが野生のシナモンだ。シナモンの木はマラバル海岸などの地域にも生えているが、本物のシナモンはこの島にしかない。

オランダは香料諸島に対する支配を強め、スパイスの栽培を厳しく管理し、過剰な要求をするようになった。ナツメグやクローブなどスパイスの市場価格をコントロールするため、決められた数の木しか栽培することを許さなかった。流通量を厳しく制限することで、ヨーロッパのスパイス市場を長期間支配した。こうした行為は、スパイス産地の現地民にとって悲惨な結果をもたらした。ナツメグとメースの唯一の原産地だったバンダ諸島の例を見てみよう。オランダ人がバンダ諸島と交易をはじめた当初、バンダ諸島の人たちはオランダ人を歓迎した――しかし、のちにイギリス人が現われナツメグ貿易に参加したいと言うと、オランダ人との契約を反故にしようとした。オランダ人はこれにひどく腹を立て、強硬な手段に訴えた。1615年、オランダ東インド会社の職員はヨーロッパの本国で「バンダ島を征服して領主たちを処刑するか追放し、島には代わりに異教徒［奴隷］を住まわせよう」と訴えた。

オランダ人はバンダ人にナツメグ貿易の独占を求め、拒否されると戦争をはじめた。島の人々はオランダ政府に降伏したが、降伏の条件をしばしば破ったので、オランダ人は彼らをさらに虐殺した。現地民に代わる労働力として奴隷が連れてこられ、植民地を支配するオランダ東インド会社の職員は、ヨーロッパ本国の市民にバンダ諸島の植民地化を勧めた。

こうした先住民への侵略は、文化的慣習（モーレス）を直接侵害するものだった。たとえば、クローブを栽培する島には、子どもが誕生するとクローブの木を植える風習があり、クローブの木が切られると、子どもの身に不幸がふりかかるかもしれないと考えられていた。オランダ政府はオランダ東インド会社に、東インド諸島の3種類の高級スパイスの貿易独占を許可した。こうしてオランダは香料諸島のクローブ、コショウ、ナツメグを支配するようになった。スパイス市場を統制しようとする植民者たちの要求は過酷で、ヨーロッパ市場に入ってくるスパイスが多すぎると、価格の下落を防ぐために、アムステルダムでシナモンやナツメグの「山」を燃やしたと言われている。

だが、香料諸島を追われたポルトガル人同様、オランダ人もスパイス貿易を完全に支配したわけ

クローブ（*Eugenia caryophyllata*）原産地は東インド諸島のテルナテ島

ではない。ドイツ生まれの歴史家で社会学者でもあるアンドレ・グンダー・フランクは、中国をはじめとする東アジア諸国が海を支配していたことを指摘する。17世紀後半以降、ヨーロッパは実際にはアジア市場で後退していた。ポルトガル人やオランダ人が市場に食い込めたのは、アジア一帯を統治する強力な勢力がなかったからで、彼らはそうした覇権争いを横目に短期間漁夫の利を得ていたにすぎないと指摘する歴史学者もいる。オランダは植民地と莫大な分け前を手に入れたが、それは、地球全体のスパイス貿易のごく一部にすぎなかった。

しかしこれだけは言っておこう。オランダ人はほかの誰もやらなかった方法でアジアを世界経済に参加させた。そしてアジアとヨーロッパは、がっちりと結び付くことになったのである。

●イギリス対オランダ

オランダ東インド会社の設立は、オランダ人をひとつにまとめただけではない。彼らにアジアの海を征服することを可能にさせる出来事でもあった。しかし、これはイギリスには大きな痛手だった。香辛料貿易の分け前にたっぷりあずかることができなくなったからだ。とはいえ、イギリスもこれまで短い期間ではあるが香料諸島のいくつかの島に貿易の拠点を築くなど、まずまずの成功をおさめていた。

最初の喜ばしい知らせは、サー・フランシス・ドレイクの世界一周航海によってもたらされた。1579年11月、ドレイクは東インド諸島のテルナテ島に到着してクローブを大量に購入し、スルタン・バブラと協定を結んだ。船が座礁して手間取りはしたものの、ドレイクは西に航海してインド洋に出ることができた。しかし、彼のゴールデンハインド号はスパイスの重みに耐えられず、積み荷のほとんどを海に投げ捨てなくてはならなくなった。1580年9月下旬、残りのスパイスとその他の高価な積み荷とともにドレイクはイギリスに帰国した。旅の利益率は4600パーセントになった（出資額の47倍の配当を支払うことができた）。

ドレイクの成功を目の当たりにした商人たちはエリザベス女王に遠征の勅許状を請願し、1592年、ジェームズ・ランカスターとジョージ・レイモンドがイギリス南部の港町プリマスから出航した。レイモンドの船は途中で消息を絶ったが、ランカスターは東インド諸島に到達、マラッカ海峡でポルトガル船を略奪し、ジャワ島北西端に位置するバンタム（現在のバンテン）にイギリスの基地を築いた。ここは16世紀から18世紀にかけて香辛料貿易のもっとも重要な港となった。

1600年、イギリス人は、自分たちの国に東インド会社が設立されたことに発奮してスパイス探しを続ける。しかしあの手この手で機略を講じたにもかかわらず、17世紀全体を通じてイギリスはオランダに進出を阻まれ、当然のことながら、こうした難しい状況によって両国間の緊張は高まった。

イギリスは香料諸島にたいして食い込めなかったので、ロンドンに拠点を置く東インド会社の投資家たちは香料諸島から早々に手を引くつもりでいた。しかしそうした思惑をよそに、オランダ人とイギリス人は、イギリスの最後の植民地のひとつが残るアンボン島で共存していた。しかし、全

東インド諸島のアンボン島。彩色画。初代オランダ総督フレデリック・ハウトマンの肖像画も描かれている。1623年、アンボン島で、オランダ人により多数のイギリス人と日本人、ひとりのポルトガル人が虐殺された。この事件により、イギリスとオランダが協力してスパイス貿易を行なう希望は完全に断たれた。

長50キロメートル、幅16キロメートルという小さな火山島にヨーロッパのふたつの強国が共存するのはどう考えても無理な話だった。

1619年、両国は互いに協力するという協定を結んだが、イギリスは経済面でも軍事面でもオランダに協力的ではなかった。オランダ総督ヘルマン・ファン・スピエールトが暴動や反乱に手を焼き、疑り深くなったのも無理はない。4年後の1623年、イギリス人がいずれ撤退することは周知の事実だったにもかかわらず、ファン・スピエールトは突然、イギリス人14名、日本人10名の商人たちを島の砦の占領を企てたとして逮捕した。日本人は処刑され、すぐあとでイギリス人10名も処刑された。砦の地下牢で自白するまでさんざん拷問にかけられ、有罪判決を下され、首をはねられたのだった。彼らが砦の占領を企てていた証拠はなかった（砦の占領は不可能ではなかっただろうが、そんなことをして彼らに何の得があっただろう）。ファン・スピエールトはオランダ政府に召喚されたが、帰国する前に亡くなった。

イギリス人は激怒した。そしてこのむごい事件によって、香料諸島から撤退するほかないと確信したのだった。このいわゆる「アンボン虐殺事件」以来、イギリス人のあいだにはオランダ人に対する深い怨恨が残った。この負の感情が、1650年代のオリバー・クロムウェルによる第一次英蘭戦争と、10年後、チャールズ2世治世下に起きた第二次英蘭戦争の火種となった。

スパイス貿易と競争によって、競合する国のあいだでは小競り合いや戦争が絶えず、人々の生活も精神も荒廃した。ジョン・キイは著書『スパイス・ロード』で、モルッカ諸島の残虐な事件を「熱帯の暑さに誘発されたたちの悪い自棄」のせいにするサミュエル・パーカス牧師［1577〜1626］の意見を引用している。「慎み深いオランダ人とイギリス人は、自分たちの『堅牢な美徳』を、ヨーロッパの厚い服と一緒にかなぐり捨てた。そして人間という種の『激しい野生』にかきたてられ、『浅黒い肌をした同胞の異教徒的本性』に身をまかせた」

1665年、イギリス人はたっぷりと積み荷を積んだオランダ商船2隻を捕獲し、ケント州のイアリスという港町に係留した。海軍書記官に任命されたばかりのサミュエル・ピープス［1633〜1703。イギリスの官僚。詳細な日記で有名］は、貨物船の話を聞きつけて船を見に駆けつけ、驚嘆した。

17世紀、スパイス諸島でのクローブの収穫の様子。クローブの木は、ほっそりとして、すべすべした幹を持つ常緑樹。幹はまっすぐに伸び、樹高は9～12メートルに達する。

この世で目にしうる最大の富が散らばっていた。コショウがあらゆる隙間から散乱して、足の踏み場もなかった。部屋中にぎっちり詰まったクローブやナツメグの中を膝まで埋もれて歩いた。梱《こり》に入った絹布、銅板の詰まった箱、そのうちひとつは開いていた……こんな壮観な眺めははじめてだった。

歴史家サイモン・シャーマの、1997年の著書『ありあまるほどの富 *The Embarrassment of Riches*』によれば、ピープスは、ここである任務をひそかに遂行した。著名な日記作家は、港のくすんだ酒場で「むさくるしく汚らしい水夫たち」からスパイスを買い取ったのだ。政府の高官たちが国庫におさめるべき富を流用しているという噂もあった。ピープスたちが不法に手に入れたこれらの「富」は、圧倒的な量で彼らの目を眩ませたが、オランダ人にとっては微々たるもので、彼らの港にはスパイスを積んだ船が東から続々と到着していた。スパイスの富はアムステルダムの港に集中していた。

1665年、重大な不動産交換が行なわれた。歴史的事実としてよく知られるように、1626年、オランダ人はわずかな交易品と引き換えにインディアンからマンハッタン島を買い取った。しかしこの商取引には続きがある。先のエピソードほど有名ではない方法で、そのあとすぐにイギリス人がオランダ人からマンハッタン島を手に入れたのだ。

この興味深い物語の黒幕はスパイスだった。1616年頃、オランダ東インド会社は、ニューギニアの西に位置するバンダ諸島のちっぽけな活火山島、ルン島というナツメグの産地を手に入れた。ルン島のナツメグの収穫量はたいしたことはなかったが、ここにはオランダが支配する香料諸島におけるイギリスの前哨基地があった。1665年3月、2隻のイギリスの船がルン島を占領し、オランダ人を無理やり立ち退かせた。しかし、オランダ人はたちまち援軍を連れて戻りイギリス人を追い出すと、島のナツメグをすべて破壊するという無益な行動に出た。

一方イギリスは、この落とし前を東インド諸島ではなく、新大陸のニューアムステルダムでつけることにした。イギリスの艦隊がハドソン川に侵入し、フォート・アムステルダム［マンハッタン島南端部に築かれていた砦］に迫ったとき、彼らは、オランダの守備隊が、オランダ植民地に迫るイギリス艦隊の火器と兵力を過大評価していたことを知った。イギリス艦隊は合計4隻、しかも軍艦はそのうち1隻だけで、その他はただの貿易船だったが、オランダ総督ピーター・ストイフェサントは800人の兵士がやってくると聞かされていた（実際には4隻の船にその半分以下の人数しか乗っていなかった）。オランダは降伏した。こうしてイギリスはこの島を手に入れ、名をニューヨークと改めた。

その後ブレダの和約［1667年にイギリスとオランダのあいだに締結された講和条約］で、オランダはルン島を、イギリスはニューヨークを手に入れた。のちに小さなナツメグの島とマンハッタンの交換は歴史上の重大事件であったことがわかる。それは、グローバルパワーの劇的移行を象徴する事件でもあった。その後イギリスは、アジアではインド、西半球では北米とカリブ海諸島に力を注ぐようになる。

◉異文化の一極集中

執拗な暑さも、熱帯でのスパイス・ハンターたちの生活を不快にする一因だった。さらに、スパイスの産地に住む現地民に関する知識の乏しさも問題だった。どんな種類のものであれ、スパイス貿易とそれを支える植民地が拡大を続けていた時代に、さまざまな文化が交わる場所で生活することは容易ではなかった。

ジャイルズ・ミルトンは『スパイス戦争』で「東インド会社の年鑑は、バンタムで発生した疫病や病気、そして死亡通知でいっぱいだった」と書いている。17世紀のイギリス人中国研究家エドマンド・スコットの日記には、伝染病が蔓延するバンタム港で暮らす恐怖が綴られている。スコットは、ふたりの上司が相次いで亡くなり、船乗りたちが腸チフスとコレラでばたばた死んでいくのを目のあたりにした。スンダ海峡沿いに位置するこの干潟ではマラリアが流行していた。

さらに、中国人やインド人、キリスト教徒やイスラム教徒の文化が交わることによって生じる混乱や誤解があった。そのうえ先住民であるジャワ島人は、貿易のために耐えてはいたが、外国人をすべて忌み嫌っていた。しかも、緊張が高まったり、武力衝突が生じたりしたとき、ジャワ島人にはオランダ人とイギリス人の見分けがつかなかった。オランダかイギリスのどちらかと同盟を結んだ現地民は絶えず混乱していた。とどめが、ミルトンの本に登場する、「生首」を求めて出没する首狩り族の存在だった。
スパイス貿易の日常生活と、それに伴う「異文化との遭遇」は、まったくげんなりする、予測の立たない冒険の連続だった。2006年に出版された『世界探検全史——道の発見者たち』(関口篤訳。青土社)で、地球史家のフェリペ・フェルナンデス=アルメストは、熱帯におけるヨーロッパ人の体験を次のようにみごとにまとめている。「彼らは最初に抱擁し、次に虐待し、最後は虐殺した」

◉中国人の役割

スパイス貿易を取りあげたこの長い章のいったいどこに中国人はいたのだろう? この質問に対してはふた通りの答えがある。彼らはすでにそこにいた。もしくは、彼らはそこに来たが、すでに立ち去っていた。

ヨーロッパ人がアジアにやってくる前の数世紀間、中国人は、コショウ、クローブ、ナツメグ、シナモンを輸入するために交易網に参加していた。アジアの交易は双方向型であったため、中国人はたいした苦労もなく必要なスパイスを手に入れられた。ところが15世紀になって、彼らは世界史上類のない大規模な世界遠征に着手する。15世紀初頭、ポルトガル人がアジアに到着する前に、中国は武将鄭和《ていわ》[1371〜1434頃]の指揮の下に西を目指して7回の遠征を行なっていた。第1次航海は、ジャンク船62隻、護衛船225艘、総乗組員2万7000人を上回る大編成だった。

鄭和の船はまさに技術の驚異で、長さ約140メートル、幅約60メートルの巨艦だったと言われている。船首から船尾まで合計9本のマストが立っていた。インドまで航海したポルトガルのカラベル船は長さ約30メートルであることを考えると、鄭和が率いたのは当時最大の艦隊だったと言ってよいだろう。

ここである疑問が浮かぶ。中国がすでにスパイスを自由に手に入れていたのなら、鄭和の遠征の目的はなんだったのだろう？　一般に、これは明王朝の権勢と軍事力を誇示し、諸国の朝貢を促すための遠征だったと言われている。さらに中国人は、航海先で訪れた港や目にした特産品についてもことごとく熱心に記録し、作成した地図や航海の記録を持ち帰った。船は7回の遠征でインド洋をあまねくめぐり、西はアフリカから東は香料諸島まで約32の国を訪れた。鄭和はなんとアフリカのキリンを皇帝に献上した。それは中国の宮廷でもめったにない心おどる出来事だっただろう。7回の遠征中にライオン、ラクダ、ダチョウ、シマウマ、サイなどの野生動物も中国に持ち帰った。

中国人によるこうした航海の目的は、インド洋上のスパイスをはじめとする品物の流通を支配することにあったのだろう。しかし、宮廷の陰謀によって中国は思いがけない方向転換をする。鄭和の成功の後、宮廷で権力争いが生じると、官僚たちは内政を充実させることに集中し、必要が生じたときだけ外国人や夷敵に対応する方針に重きを置く儒教的モラルを尊ぶようになった。この政策上の大転換によって、その後中国は海の遠征を中止した（そして非常に残念なことに鄭和の記録は焼却されてしまった）。16世紀以降も中国が海洋帝国として幅をきかせていたら、ポルトガルをはじめとするヨーロッパの国々にどのような影響を与えていただろう?

遠征を中止したことにより、外洋に乗り出す機会は減ったが、沿岸部の交易と商業を支配する中国とそのスパイス帝国は依然としてアジア経済に君臨していた。この時期、東半球には外側に勢力を拡大する帝国が存在しなかった。インドには交易網と艦隊があったが、他国に対して強引な行動は取らなかった。日本は群雄割拠の戦国時代に突入し、ジャワ島では王国が衰退し、タイとビルマではそれぞれの王朝が内政を固めている段階だった。ただし交易はさかんに行なわれていたので、ヨーロッパ人は地元の国々の内紛を横目に、誰からも干渉されずスパイスの分け前を手にすることができた。

●フランスとデンマークが登場する

17世紀から18世紀にかけて、フランスとデンマークがスパイス貿易の舞台でささやかな役回りを演じた。ふたつの国は、活動の拠点をインドのマラバル海岸でも、香料諸島でもなく、インドの南東海岸に置いた。そこは、アジアとアフリカで人気があった織物や布の生産地だった。彼らはここで、世界各地の市場に供給され、東アジアのスパイスと交換することも可能な、インドの布の偉大な価値をよく知るオランダ人とイギリス人に合流したのだった。

16世紀初頭、フランス人はもっとストレートな方法でスパイス貿易に潜り込もうとしていた。国王の支援を陰で受けながら、アジア産のスパイスをリスボンからアントワープへ運ぶポルトガル船を略奪したり、ヨーロッパ西岸の港から出航して、インド帰りのポルトガル船をアフリカ西海岸沖や大西洋上で襲撃したりしていた。

フランスは、スパイスを輸入するための王室直轄港も建設し、しだいにヴェネツィアやジェノヴァの商人に代わってスパイスの運搬を請け負うようになり、ついにマルセイユはスパイス貿易の中心地となった。

1527年、フランスはアジアを目指す冒険を実行した。ノルマンディーの港町ディエップから、モルッカ諸島を目指して2隻の船が出港した。船はポルトガルの封鎖を破ってスマトラ島に達した。しかし、スマトラ島の領主たちとの交渉にもスパイス貿易にも失敗する。船長ら2名は熱病のために亡くなり、1530年に帰国したのは2隻のうち1隻だけだったので、フランス人はスパイス貿易はポルトガル人にまかせておこうと決意した。とはいえ、大西洋沿岸沖では相変わらずポルトガル船の略奪を続けていたが。

フランス人は、1693年、インド南東部のコロマンデル海岸にあるポンディシェリ（現在のパーンディッチェーリ）に植民地を建設した。彼らはその後、西海岸にあるカリカットの北に織物工場を建てた。フランス人は布をスパイスと交換した。あるいは、米、材木、縄、タカラガイ（インド洋世界で貨幣として利用されていた貝）などの製品と交換した。

1770年代、スパイスは東インド諸島の独占品ではなくなった。マダガスカルの東にあるモーリシャス島のフランス人総督が、自分が監督する島へクローブとナツメグの種をこっそり持ち出

フランス、ルイ14世の時代。スパイスを持参して弁護士を訪れるご婦人。支払いに充てたに違いない。

すことに成功したのだ。さらに1818年、アラブ商人ハラメリ・ビン・サレハによって、クローブはモーリシャスからザンジバルへ運び出され、アフリカ東海岸太平洋上の島、ザンジバル島とペンバ島はのちに世界市場最大のクローブの産地となった。

伝統的なフランス料理とスパイスの利用法の変化が、フランスのスパイス貿易に直接の影響を与えた。17世紀中頃まで、フランス人は料理にさまざまなスパイスを使っていた。しかし、1651年にフランソワ・ラ・ヴァレーヌというシェフが『フランスの料理人 *Le cuisinier françois*』を発表すると、フランス人は以前ほどスパイスを使わなくなり、代わりに食材自体に含まれる水分を調理に活かしたり、バターなど国産の素材や製品を使ったりするようになった。こうしてフランスでは、本格的なフランス料理に使うスパイスの購入量と消費量がしだいに減っていった。一方、ルイ14世の華麗な王宮では饗宴がはじまる前に、王の前に籠いっぱいのスパイスが続々と運ばれてきたというが、そんな贅沢はフランス革命で幕を閉じた。

けれどもスパイスは、いまもフランス料理で伝統的に脇役を演じている。牛ヒレ肉のソテーなどによく合うベアネーズソース［フランスの伝統的なステーキソース］には、白コショウの実、カイエンペパー［粉末状の赤トウガラシ］、エストラゴンが入っている。黒コショウを最後に少々足す場合もある。ナツメグも、舌平目とホウレンソウのベシャメルソース［ホワイトソース］がけ（もしくはモルネーソース［ベシャメルソースにチーズを加えたもの］がけ）などに入っている。

デンマーク人がアジアを探検し、船を出してコショウやクローブを持ち帰るようになったのは17

世紀に入ってからだった（1622年から1637年にかけて、スパイスを積んで祖国に帰ってきた船はわずか7隻である）。数十年後、デンマークは自前の東インド会社を設立したが、オランダの支配に阻まれ、香料諸島の西からインド東海岸までしか進出できず、インド東海岸に、アジア貿易の足がかりとなる織物工場を建設した。18世紀に入ってからデンマークも中国や、そのほかのアジアの国の港との交易を開始した。デンマーク東インド会社は、オランダとフランスがイギリスと戦争をしていて、中立国がヨーロッパまでスパイスを運ぶしかなかった時代にとくに羽振りがよかった。

●東のスパイスは西へ

中米と南米は、東洋に移植され、世界でもっとも消費されることになるスパイスの原産地だった。一方北米では、17世紀初頭、イギリスによる植民地化が進められるあいだ、グローバル貿易によって入植者たちの食事にスパイスが取り入れられるようになった。こうした植民地のひとつ、1634年にセントメアリーに建設されたメリーランド植民地では、日常の食事にスパイスが使われていた。『メリーランド開拓史』によると、植民地のリーダーたちは、1年間の入植生活に必要な常備品としてスパイスを勧めていた。

メリーランド植民地に住んでいた家族の遺品目録には、財産のひとつとしてスパイスが記載されている。1650年代のジョン・ウォード氏の財産目録にはコショウ1ポンド、ショウガ、ナツメグ、メースなどと記載されており、その10年後、ロバート・コールズ氏のさらに充実した財産目録には、コショウ、サフラン、ナツメグ、クローブ、シナモンなどとある。これらのスパイスは、1640年代、清教徒革命によってイギリスが混乱していたあいだ、セントメアリーでさかんに交易を行なっていたオランダの船によって運ばれてきたのだろう。

●トウガラシ——もっとも旅に強いスパイス

ここまで、このスパイスの歴史はインド洋地域と香料諸島にスポットライトをあててきた。今度は西半球に目を向けるとしよう。いよいよトウガラシの登場だ。トウガラシ（英語のトウガラシcapsicum は、「容器」または「箱」を意味するラテン語の capsa に由来する）と呼ばれる熱帯植物の原産地は南北アメリカ大陸。トマトやナスと同じくナス科の植物で、糖度が高く野菜として食される甘トウガラシと、辛味が強く香辛料として利用されるトウガラシのふたつに大きく分類され、それぞれ数百種類が世界中に生育している。

トウガラシがもともとヨーロッパにもアジアにも生えていなかったとは驚きだ。中国、タイ、韓国をはじめとするアジア・アフリカ諸国にこのおなじみのスパイスがないところなど、いまでは想像もつかない。トウガラシは交易や料理を通じてどのように世界中を旅したのだろう。これはじつに複雑な、現在も進行中の物語だ。

人がトウガラシを食べたもっとも古い（といわれる）証拠は、ペルー先住民の遺跡で発見された。

天日干しされるトウガラシ。エチオピア。トウガラシは、ほかのどのスパイスよりも広く世界を旅し、各地の料理に取り込まれた。

16世紀初頭、スペイン人がメキシコに遠征した際にエルナン・コルテス［1485～1547。スペインの征服者、探検家］はアステカ族がトウガラシを栽培し、食べる様子を記録している。コルテスとその一行は、トウガラシの混ざったチョコレート飲料をふるまわれるという辛い（そして名誉な）体験をした——ただし、それほど辛くない、サトウキビ入りのチョコレートもご馳走になっている。

トウガラシは中南米の現地民の食事になくてはならないものだった。いまでは数百種類のトウガラシがある。トウガラシの歴史は非常に古く、その起源をひとつ、あるいはいくつかに絞りこむのは難しい。トウガラシが生育していたことを示す最古の証拠は紀元前7000年のもので、栽培の歴史はおよそ紀元前5000年にさかのぼる。トウガラシは、中央アメリカのトルテカ族、マヤ族、アステカ族、および南アメリカのインカ族によって栽培されていた。アステカ帝国では、生贄の儀式にトウガラシが使われていた。鏃《やじり》に塗る「毒」に利用されたり、川にまいてその「毒」で魚を獲ったりしていた。

トウガラシをスペインに持ち帰ったのはクリストファー・コロンブスだった。ただし、このイタリア人探検家は、黒コショウ、シナモン、クローブ、ナツメグしか眼中になく、この4つの貴重なスパイスの親戚かもしれないと考えないかぎり、土着の植物にあまり関心を寄せなかった。コロンブスに同行したセビリア出身の医師アルバレス・チャンカが、トウガラシをスパイスと認めてスペインに持ち帰ったが、当初は料理に使われることはあまりなく、むしろ薬と考えられていた。マグロンヌ・トゥーサン＝サマは1987年に発表した『世界食物百科』（玉村豊男訳。原書房）で、トウガラシは、腸内感染、寄生虫の駆除、下痢などに効く万能薬と考えられており……痔の治療にも使われていた、と述べている。

トウガラシがスペイン料理に大きな影響を与えることはなかったが、イベリア半島の料理にはトウガラシが使われていたことを示すいくつかの証拠が残っている。スペイン北西部、ビスケー湾に面したガリシア州では、焼いた小さな青トウガラシを祝う祭りが毎年催される。スペイン北部のバスク州でも、トウガラシはチョリソーセージや、トマトと塩漬けタラの料理に入れられていた［フランスのバスク地方（スペインとの国境付近）には現在もトウガラシの名産地エスプレット村がある］。

世界を股にかけたトウガラシの初期の大移動は、イベリア半島にトウガラシが到着したのと同じ頃、アジアで植民地を建設していたポルトガル人の功績と言えるだろう。ポルトガル人にとっては、ブラジルも南北アメリカ大陸のトウガラシの産地だった。スペイン人がヨーロッパに持ち帰ったトウガラシにポルトガル人がどれだけ影響されたかは定かでない。むしろ、ポルトガル人がブラジル南部でトウガラシを発見し、熱心に栽培して、マカオやゴアなどアジアの基地に運んだと考えるほうが自然ではないだろうか。

トウガラシは、これらの基地から中国料理やインド料理に影響を与えた。16世紀の植物学者は、ゴアからインドの西海岸に届けられたトウガラシを「ペルナンブコ・ペパー」と呼んでいる（ブラジル北東部にはペルナンブコという名前の場所がある）。トウガラシは、ポルトガル人が悪名高い奴隷貿易を行なっていた時代にアフリカへも運ばれている。ブラジルのプランテーションに連れてこられた奴隷たちは、トウガラシ栽培の伝統を引き継いだ。一方トウガラシも、あらたに開拓された土地に植え替えられるたびにあたらしい品種へ進化した。

中央アメリカのアステカ族の料理や発展途上にあったメキシコ料理のおもな材料は、トウモロコシ、豆、トマト、そしてトウガラシだった。コロンブスの時代、トウガラシはスープやシチュー、そして魚料理や肉料理にも入れられた。乾燥させたり、さまざまなピクルスに入れたりして旅の常備品にもなった。スペイン人がアメリカ大陸の北や西へ勢力を拡大していた時代、トウガラシはイエズス会神父たちの手によってカリフォルニアに運ばれた（神父たちは現在のカリフォルニア州からおよそ650キロ北にあらたな伝道所を建設した）。今日、アメリカで消費されるチリ・パウダ

トウガラシ（*Capsicum annuum*）。トウガラシは、西から東へと移動し、世界を巡り、世界のプレミア・スパイスの仲間入りを果たした。

ーのほとんどがカリフォルニア産である。

素敵な物語の題材になりそうなある伝説が、トウガラシがどのようにハンガリーの国民的スパイス、パプリカに進化したかを教えてくれる。17世紀、ハンガリーの首都ブダペストを含む東ヨーロッパ一帯はオスマン帝国に支配されていた。伝説によると、メフメットというトルコのパシャ（高級官吏）がハンガリーの美しい水汲み娘を見初めて、自分のハレムに連れ去った。パシャの庭園に閉じ込められた娘は、あらゆる種類の植物に親しむようになった。その中に大きな赤い実をつけるつる性植物があり、トルコ人たちはその実を挽いて粉にして料理のアクセントにしていた。娘はこんなにおいしいものを食べたことがなかったので、こっそり種を集めた。ハレムにはパシャが非常事態に備えて掘らせていた秘密の抜け穴があり、娘は毎夜その抜け穴を通って、恋仲だった農民の少年と密会していた。あるとき娘が少年に種を渡し、少年が種をまくと、1年後、ブダペストの町と近郊の農村部にパプリカが生えた。それからハンガリー人はこのあたらしいスパイスを利用するようになったという。その後トルコ人たちはハンガリーを追われたが、パプリカは国を代表するスパイスになった。

今日西洋で人気のあるほとんどのパプリカはとてもおいしいが、辛味はない。しかしハンガリーにはパプリカの品種が30種類近くもあり、辛さの程度も幅広い。ハンガリー人は、ハンガリーを代表する伝統料理グーラッシュというスパイシーな牛肉の煮込み料理をつくるとき、程度の差はあれ、かならずパプリカを入れる。辛味のおだやかなものは種から、辛味の強いものはさや全体を乾燥させたものを挽いてつくる。

実際には、東ヨーロッパのトウガラシは最初にギリシア、次いでバルカン半島の北側の国々、その後東のトルコという順番で入ってきて、最後に、南のイタリアに根付いた。しかしながら、トウガラシは当時北ヨーロッパにはまったく浸透しなかった。植物学上と気候上の理由によるところが大きい（ハンガリーはトウガラシが生育できる北限と考えられていた）。「パプリカ」という名前は、ギリシア語で黒コショウを意味するpeperiに由来するが、現在ギリシアではピペリアと呼ばれている。トウガラシは、ほかのどのスパイスより旅に向いている。種さえあれば、世界中の多くの地域に移植できる。たとえばインドのように、気候さえ合えばすんなり根付いてしまう。

◉スパイス、西へ移住する

ヨーロッパの大多数の人の手に届くものになると、スパイスは薬としても香味料としてもいっそう大きな役割を担うようになった。実際、スパイスは、最初はおもに薬として利用され、その後台所でしかるべき立場におさまったと考えられている。イタリアのシエナの医師アルドブランディーノは著書『身体食養生法 *Regimen Corpus*』（１２５６）で、シナモンは「肝臓と胃の働きを強め」、「肉の味をじつによく引き立てる……」、クローブは「胃と体を強くし……腸のガスや、冷えによる悪い生気を排出させる……これさえあれば料理が完璧になる」と記している。

著名なフランス人医師によって書かれ、１６０７年にリヨンで出版された『健康の宝 *Le Trésor*

de santé』によると、コショウは「健康を保ち、胃の働きを強め、……(そして)腸にたまったガスを排出させる。利尿作用があり、……周期的な発熱の悪寒を癒やし、ヘビにかまれた傷を治し、死産にかかる時間を短縮させる。咳にもよい。……干しブドウと一緒にすりつぶしたものを飲めば脳の粘液が浄化され、食欲が増す」、クローブは「目と肝臓と心臓と胃」によく、クローブの精油は、「歯痛に効き目抜群。冷えによる胃液の逆流と、胃の不調に効く」とある。とはいえ、15世紀の『備忘録』に載っている歌が示すとおり、コショウなどのスパイスは、しだいにヨーロッパの食事に欠かせないものになっていった。

雪は白い、溝の中。
誰もそいつにゃ見向きもしない。
コショウは黒い、いい香り。
みんなこぞってこれを買う。

スパイスの歴史とはとどのつまり、大発見の時代をめぐるどたばた騒ぎ——騒ぐだけの価値はあったが——に尽きるのであり、その舞台には、ポルトガル、オランダ、スペイン、イギリス、デンマーク、そしてフランスが登場した。歴史上、それは血わき肉おどる時代だった。さまざまな文化が一極に集中し、ありとあらゆる挑戦を行なった。これらの国々は率先して東と西を結び付け、スパイスをはじめ東の品物を次から次へと運んでヨーロッパの経済を変えた。

スパイス貿易について重要なことがある。ヴァスコ・ダ・ガマの帰国以降、東の商品の価格が下がったのだ。アラブ世界を横断して地中海へ抜ける陸路ではなく、アジアからヨーロッパへ直行できる海路が拓かれ、多くの中間商人を省けたことが大きかった。スパイスの壺に突っ込まれる手が少ないほど必要経費は少なくて済む。しかし、大航海時代と少なくともその後の100年間、ヨーロッパ人が手に入れたのはスパイス貿易全体のごく一部にすぎなかった。中東、および東アジアと南アジアの経済は、ヨーロッパ人がやってくる前と変わらず繁栄し、世界のスパイスの大半を消費していた。イスラム教圏を横断する貿易ネットワークは何ものにも煩わされることなく機能し、「握

1930年代メキシコ。コショウのつるが生い茂る。コショウは、16世紀以降、インドからほかの熱帯地域に広がった。現在世界最大の生産国はベトナム。

手と天国の一瞥《いちべつ》で封印されていた」のである。とはいえ、これは史上初のグローバル時代であり、東と西が一極に集中した結果、これまでの世界は宗教の枠を超えて広がり、ふたたび元には戻らなかった。

第4章◉産業化の時代

「叱り飛ばすぞ、ちびっこを
くしゃみをしたら、ぶったたく
こいつはコショウが大好きで、
好きでやってることだから」
――『不思議の国のアリス』（1865）ルイス・キャロル

19世紀の幕開けと同時に西半球からあらたな競争相手が登場した。彼らはスマトラ島や香料諸島を探検し、スパイス貿易に参入した。しかし、この建国間もないアメリカ合衆国からやってきた商人たちは、スマトラ島北西部で、土着のマレー人のおそろしい凶器、波形刃を持つ短剣クリスの脅威にさらされる。一方フランス人はスパイスの世界にクーデターを起こした。香料諸島からスパイスの木を盗み出し、インド洋の島への移植に成功したのだ。

こうしてスパイスのあらたな産地が誕生し、やがて世界市場で大きなシェアを占めるようになる。

とはいえ、それは東アフリカの奴隷制度を助長させるものでもあり、奴隷制度が地上から完全に消えるにはそれから100年かかった。イギリスはナポレオン戦争［1803〜1815］中にオランダのスパイス帝国を短期間支配するが、まもなくオランダに植民地を返還してインド亜大陸に力を注ぐ。その過程でイギリス本国ではスパイスに対する嗜好が変化した。オランダはスパイスの島を取り戻し、秩序ある、管理の徹底したスパイス貿易システムを確立する。

◉イギリスはスパイス世界を拡大する

イギリスが東インド諸島のオランダ植民地を占領したとき、マラッカで采配をふったのが当時のインド総督ミントー卿であり、彼を補佐したのがのちにシンガポールの創設者となるトマス・スタンフォード・ラッフルズだった。イギリスはオランダ植民地を占領するあいだ、スパイスの栽培と加工に従事する人々の生活を改善する多くの改革に着手した。ラッフルズが導入した土地税制は非常によくできていたので、オランダは、1815年にナポレオン戦争が終わり、植民地を取り戻したあとも制度を存続させた。

イギリスは東インド諸島を接収しているあいだにスパイスの種をインドやヨーロッパへ持ち出し、移植することに成功した。イギリス東インド会社の官吏だったエドワード・コールズがナツメグとクローブの種をスマトラ島南西沿岸部に移植し、黒コショウもマレー半島西岸沖のペナン島に根付いた。のちにラッフルズはこれらのスパイス農園を東インド会社から引き継ぎ、「平和のすみか」

東インド諸島でのオランダのスパイス商人。オランダは20世紀になってからもしばらく香辛料諸島の村と取引を続けていた。

と名付けた邸宅を建てた。ドライブウェイの両脇にはクローブの木が整然と植えられ、ラッフルズの2番目の妻ソフィアは「長い車寄せを移動していると、クローブのさわやかな芳香に包まれてこのうえない喜びを感じます」と書き残している。

イギリスは、オランダの植民地を短期間支配するあいだに自分たちのスパイス帝国を拡大した。そしてイギリスの植民地となったシンガポールはスパイス貿易の中心地となった。イギリスが支配するあいだ、スパイスの木はすくすくと成長し、世界市場のスパイス価格は適正な水準に保たれた。

その後長い歳月をかけて、シンガポールは中華系(多数派)、インド系、マレー系住民が混在する都市に成長した。マレー半島南端のこの小さな都市国家は、近隣のインドネシアや香料諸島の影響もあり、東南アジアの異文化交流の中心だった。シンガポールの食べものやスパイスは、異文化が響き合うこの

シナモンの皮をはいで、巻いているところ。シナモンは樹液の出が活発になり、樹皮がはがしやすくなる雨季に収穫する。最高品質のものは紙のように薄い。

社会を反映している。シンガポール名物のカレー粉を紹介しよう。魚介料理の下味用スパイスで、コリアンダー、クミン、インド産赤トウガラシ、フェンネル、カシア、カルダモン、ターメリック、そしてテリチェリー黒コショウ（インドのマラバル海岸産）がミックスされている。今日シンガポールには、スパイスガーデンを散策したあと料理教室でスパイスペーストづくりを学べるツアーもある。

1850年代、19世紀を代表するイギリスの偉大な科学者が数年間マレー諸島に滞在し、この地域の動植物を研究した。彼の名はアルフレッド・ラッセル・ウォレス［1823～1913］。チャールズ・ダーウィンに先立ち進化論を発展させた人物で、東のスパイスの島で研究に明け暮れていた。ウォレスは、現在インドネシアとマレーシアに帰属する多くの島々を訪れ、ナツメグとメースとクローブの島で権力がどのように推移したかを簡潔に記録した。

ウォレスによると、最初はイスラム教徒の領主である土地の首長がスパイス貿易を支配していたが、その後ポルトガル人が、続いてオランダ人がこれを支配するようになった。オランダ人はスルタンたちに自分たちの要求を押しつけ、世界市場のスパイス価格を操作するためにクローブやナツメグの栽培を厳しく制限した。ポルトガルに取って代わりナツメグとクローブの価格を自由に操作するオランダのシステムは、首長たちにとってはスパイスから定期収入がもたらされることを意味する、とウォレスは記している。さらに、首長たちはオランダ人の支配のもとでポルトガル人によって奪われていた統治権を取り戻した、ともある。

ウォレスの古典的名著『マレー諸島』(宮田彬訳。新思索社)には、マレー諸島の動植物の生態がみごとに描写されている。たとえば、ナツメグについて次のような記述がある。

栽培されている植物の中で、ナツメグより美しい植物はまずないだろう。樹形がととのっていて、葉はつややか、樹高は6メートルから9メートルに及ぶ。小さな黄色い花をつける。果実は大きさも色もモモに似ているが、少々楕円形。果肉はとても固いが、熟れると割れて深紅のメースに包まれた暗褐色の堅果が見えてとても美しい眺めになる。堅果の中に種子がある。これが商品となるナツメグだ。この堅果をバンダ島の大きなハトが食べるが、メースだけを消化して種子はそのまま排泄する。

「レッドゥンホール・ストリート」トーマス・ハルトン。19世紀。水彩。この通りにイギリス東インド会社があった。

ムントクペパーの出荷風景（20世紀初頭）。ムントクは、スマトラ島南東海岸沖に位置する、バンカ島西端の港町。白コショウが有名（白コショウは完熟したコショウの実を摘んで、水につけ、天日で乾燥させたもの）。

イギリス本国のスパイス貿易の中心は、いみじくもロンドンのミンシング・レーン［ひき肉横町］だった。北をフェンチャーチ・ストリート、南をグレートタワー・ストリートに挟まれたこの通りは、数年間、スパイスと紅茶の世界市場の中心だった。１７９９年、ナポレオン戦争のさなかにイギリス東インド会社がオランダ東インド会社の貿易港をすべて接収してからは、世界のスパイス貿易を支配する中心となる。１８３４年以降イギリス東インド会社が凋落すると、この通りには紅茶会社が軒を連ねるようになった。

19世紀、イギリスはしだいにインド料理の影響を受けるようになり、ある国産製品が上流社会で変身を遂げた。ロンドンでは、庶民はウナギやフィッシュ・アンド・チップスを酢につけて食べていたが、上流階級ではピリッと刺激のある辛いソースがしだいに人気になった。1845年に発表されたイライザ・アクトンの『現代の家庭料理 *Modern Cookery for Private Families*』を見ると、トマトソースにチリビネガーを加えるとよいとある。また、トマトケチャップのレシピには、トマトソース4・5リットルに対してトウガラシ36本を入れると書かれている。トウガラシは東のインドへ移住し、いまやイギリス料理に欠かせない食材になりつつあった。

●フランスがクローブを移植する

スパイスの産地である島を支配した国々は、自分たちの作物に対して非常にガードが堅かった。とくにオランダはスパイスの独占が破られないように神経をとがらせていた。たとえばナツメグの種には、自然に発芽しないように輸出用の種に石灰をかけ、クローブの林は、市場価格を下落させないため、木になった実を盗まれないように火をかけて焼いた。大発見時代から19世紀まで、ヨーロッパ各国はスパイスの種や苗木を盗み出そうと何度も試みてきた。そして18世紀後半、フランスの冒険家ピエール・ポワブル（彼の名 Poivre はフランス語のコショウ Poivrier の語源となった）がついにこれをやってのけた。

ポワブルは若い頃からアジアに滞在し、祖国のためにありとあらゆる仕事に就いた。あるときはオランダ人に捕らえられ、またあるときは乗っていた船がマラッカ海峡付近でイギリス軍艦の攻撃を受け、片腕を失った。植物学にとくに関心が深く、熱帯の植物をフランス人のもとに届けようと決意し、クローブとナツメグをフランスに移植しようと何度も試みたがすべて失敗した。後年、インド洋南西、マダガスカル島の真東にあるモーリシャス島の総督となり、熱帯植物園を建設した。その後まもなくスパイスを探しにモルッカ諸島を再訪し、運よく、投げやりなオランダ人からある島の場所を聞き出した。そこでは現地民たちがオランダ人に隠れてナツメグとクローブを育てており、種をいくらでも分けてもらえるという。こうしてムッシュー〝コショウ〟は、大量の種をモーリシャスの植物園に持ち出すことに成功した。

賽は投げられた！　ポワブルの決意、そして植物学と祖国にかけるふたつの熱い思いによってあらたなクローブ帝国が誕生した（あるフランス人は、ポワブルの偉業は金羊毛を盗み出したイアソンの武勲に匹敵すると評している［金羊毛はギリシア神話に登場する秘宝］）。１７９０年代にクローブはマダガスカルへ、次いでザンジバル島とペンバ島にも移植された。これらの島は現在、クローブの世界最大の生産地だ。クローブは、イギリスの植民地であったカリブ海のセントキッツ島にも移植された。おそらくフランス領西インド諸島からイギリス人が盗み出したのだろう。１８１８年、イギリス国内で販売された約35トンのクローブのうち30トン強がセントキッツ島産のものだった。

ナツメグはカリブ海のマルティニーク島とグレナダ島に移植され、これらの島ものちに世界最大のナツメグの生産地となった。オランダ人にスパイス帝国を奪われたポルトガル人はどうしていただろうか。彼らはブラジルの広大な植民地でクローブ、ナツメグ、シナモン、コショウの栽培を試みていた。緯度と植物の生育条件さえ合えば、たいていは成功した。

◉クローブと奴隷

アフリカとアラブ世界の貿易には数世紀に及ぶ歴史があり、アフリカ、インド、アジアのあいだで奴隷と黄金と象牙が売買されていた。ザンジバル島の先住民、ハディム族、トゥンバトゥ族、ペンバ族は、東海岸沖に浮かぶ巨大な島の新鮮な水と肥沃な土に惹かれてアフリカ内陸部からやってきた人々だった。10世紀後半にペルシア人が島にやってきたが、腰を落ち着ける間もなくオマーンからやってきたアラブ人に島を明け渡した。

ザンジバルは、アフリカ内陸部との交易を仲立ちする東海岸の玄関であったため、商業の中心となった。ポルトガル人たちがアフリカ東海岸を探検するより先に、南アジアからやってきた大勢のインド人がザンジバルに移住し、小売店や貿易業を営んだり、職人として働いたりしていた。ポルトガル人は短期間ザンジバルを支配したが、1550年、オマーンのスルタンに追い出された。それから数百年、ザンジバルは、アフリカ人、アラブ人、中国人、ヨーロッパ人、インド人、ペルシア人が集まる国際貿易網の一角だった。

1830年代、あらたなスルタンがオマーンの首都をマスカット［アラビア半島のほぼ東端、オマーン湾に面する都市］からザンジバルに移し、ザンジバルとペンバにクローブのプランテーションを建設した。このイスラム教国の王サイイド・サイードは、多くのハディム族を強制的にプランテーションで働かせ、彼らを島の東部に移住させた。その後、ザンジバルは世界最大のクローブの生

クローブの木。クローブの原産地は東インド諸島の５つの小さな島。小さな島の、海から離れた場所でよく育つ。

産地であると同時に、アフリカ東海岸最大の奴隷貿易の中心地にもなった。

クローブと奴隷貿易の資本の大半を融資していたのは、ボンベイ（現在のムンバイ）に拠点を置くインド人商人たちだった。クローブは、アフリカのほかの土地や、インド、ペルシアにも出荷された。モーリシャスでフランス人が経営していたクローブのプランテーションは、ザンジバルの巨大な奴隷市場から積み荷として運ばれてくる奴隷のおかげで繁栄した。フランスの奴隷商人たちは、クローブ貿易の拡大に大きな影響を与えた。イギリス人探検家リチャード・バートン［１８２１～１８９０］は、ザンジバルで人気のクローブオイルを開発したのは、マダガスカル東方沖にあるマスカリン諸島（モーリシャス島とレユニオン島がある）出身のクレオール［フランスまたはスペイン人と黒人の混血］、Ｍ・ソースだと言っていた。

18世紀後半から19世紀末にかけて、イギリスはザンジバルとの関わりを深めていった。リチャード・バートン、デイヴィッド・リヴィングストン［1813～1873］、ジョン・スピーク［1827～1864］ら探検家たちがザンジバルをアフリカ探検の足がかりとしたため、イギリス国民のあいだでこの島への関心が高まった。イギリスはザンジバルを保護する見返りに、対フランス支援をオマーンから受けるという協定をスルタンと結んだ。イギリスでは、1807年に奴隷貿易を禁止する法律が制定されたため、ザンジバルのスルタンにも奴隷貿易を止めるようさまざまな働きかけを行ない、1870年代に奴隷売買を禁止する条約の締結に成功したが、進展は遅かった。ザンジバルは貿易の中心地としての重要性を増し、1820年代以降はアメリカ、ドイツ、イギリスの貿易船が集う大きな港となった。

◉スパイス貿易に与えたアメリカの衝撃

一方、建国から10年も経たないうちに、アメリカが世界のコショウ貿易に影響を与えはじめていた。アメリカのコショウ貿易の歴史は、マサチューセッツ州ボストンの北西に位置するセイラムという小さな港町からはじまる。

1793年、ジョナサン・カーンズという野心家の船長が、東インド諸島を目指してセイラムを出港した。目的はただひとつ、交易が行なえそうな地域を探検することにあった。カーンズはスマトラ島でコショウについて学んだ。そしてわずかなコショウを手に入れたものの、もっと大量に

スパイス入れ。カナダ、ニューブランズウィック州、セントジョンズの海岸博物館。

仕入れることのできる港には立ち寄らず、帰途についた。帰国する途中、バミューダ諸島沖で船が遭難し、やっとのことでセイラムに帰国したが、そのあいだもコショウの港に関する情報については誰にもあかさなかった。

カーンズは資金提供者を確保して巨大な船を建設すると、1795年、今度は4本の大砲を備えた130トンのラージャ号に10人の船員と乗り込み、秘密の目的を胸に出港した。船にはブランデーが入った大樽2樽（1樽はおよそ600リットル）、ジン58箱、鉄12トン、さらにタバコ、鮭などの品物が積まれていた。1年半後、船は大量のコショウを積んで帰国し、700パーセントの利益を叩きだした。

セイラムの人々は船の行く先に興味津津だったが、カーンズがどこに行っていたのかは謎だった。数隻の船がベンクーレン（現在のインド

マサチューセッツ州セイラムの紋章。19世紀初頭、セイラムが黒コショウ貿易を支配していたことを受けて、東洋人と帆船、そして「富める東のもっとも遠い港へ」というラテン語のモットーが書かれている。

ネシア、ブンクル州の州都）を目指した。そしてついにアメリカ号が、１８０１年にはジョン・クラウニンシールド船長の指揮の下で約３７０トン、１８０２年にはジェレミア・ブリッグス船長の下で約３５０トンのコショウをセイラムに運んできた。この２度の航海の積み荷にかけられた税金は総額10万３８７４ドル30セントにのぼった。19世紀前半、大西洋を挟んだアメリカ東海岸とヨーロッパ西海岸で、セイラムはコショウの港として知られるようになった。１８１２年の米英戦争のさなかイギリスに港を封鎖された期間を除いて、セイラムはアメリカ東部だけでなくヨーロッパの多くの国にもコショウを輸出した。

興味深い話がある。コショウ貿易がはじまった当初、アメリカ東部の住民の食生活には黒コショウが浸透していなかった。コショウ貿易で儲けていたセイラムの商人や船乗りたちはこの点を心得ていて、黒コショウを北アメリカ市場に供給するのではなく、ヨーロッパまで運んで、フランス産ワインのようなアメリカ本国で高く売れる製品と交換していた。それから70年あまりのあいだに、セイラムとスマトラ島を往復した船はおよそ１０００隻にのぼった。

東を目指した初期の遠征隊がセイラムを出発して喜望峰を回っていた時代、船乗りたちの地理上の知識は大雑把で頼りなかった。コショウを求めて出港した初期の船は、インドかその先を漠然と目指したのだろう。セイラムの船長たちは独自のルートを見つけなくてはならなかった。スパイスのありかがあきらかになってからは、コショウ貿易の最終目的地と照準はスマトラ島に定まった。

こうした「東を目指した」船乗りたちの東インド諸島での冒険は小説や映画の題材にもなってい

る。『セイラムの船とその旅』（1922）や、『コショウと海賊』（1949）などに登場する物語の多くは、ニューイングランド地方の船乗りたちが知らない文化に遭遇し、スマトラ島周辺の未知の海域を航海する様子を描写したものだ。巨大なスマトラ島は、熱帯性気候に属し、多くの島に活火山がある。あらゆるものが海とゆかりの深いインドネシア諸島の典型だった。

スマトラ島北部および北西部に住むアチェ人は、古くからマラッカ海峡を通って東の香料諸島に向かう交易を支配していた。彼らはイスラム教徒の商人であり、戦士であり、島の北端に位置するバンダ・アチェを王都と定めていた。19世紀、東インド諸島にスパイス帝国を築いたオランダ人は、アチェ人を制圧するのは非常に困難であることを知る。ひとりのアチェ人に無礼なふるまいをすれば全員を侮辱したことになる。各地の交易の中心はその土地のラージャ（領主）によって支配され、それぞれの土地にヨーロッパ人やほかのアジアの商人たちとの数世紀に及ぶ貿易の歴史があった。ただし、セイラムからやってきたカーンズ船長と彼の部下たちのはじめての冒険の相手はアチェ人ではなかった。『エデンの香り *Scents of Eden*』でチャールズ・コーンはある遭遇を生き生きと描写している。

夜も更けた頃、カーンズ船長はラージャ号の狭い後甲板を行ったり来たりしていた。月に煌々と照らされた入り江にジャングルの音がこだましている。彼は船首まで行き、濃い闇に包まれてぼんやりとしか見えない錨を鋭く観察してから、踵を返した。左舷見張りのふたりが、通りすぎるカーンに低い声で挨拶した。

30分、そして1時間が経過した。カーンズはもう休もうかと考えたが、船室は窮屈で湿っぽく、甲板にいればそよ風が心地よいことを思い出した。そのとき船首の見張りの叫び声が聞こえた。「アホイ！　そこにいるのは誰だ？」暗闇の中で何者かに尋ねている。マレー人の海賊か？　カーンズがそう思った瞬間、船倉で警鐘が鳴り、別の船がぶつかってきた衝撃に足もとがふらついた。乗組員たちが船尾に急ぐ。船に乗り込もうとする侵入者を撃退しようとめいめい槍を手にハッチから飛び出してくる。

人影が船の手すりを乗り越えた瞬間、味方の放った銃弾が命中して人影が後ろにふっとぶ。しかしあらたな敵がすぐに手すりをまたいでくる。武器を持たない船首の見張りが侵入者を押し戻そうとすると、舶刀《カツトラス》で左手を切りつけられた。仲間が助けに駆け寄り、敵を押し返した。闇の中で襲撃者たちは、自分たちはフランス人であると名乗った。アメリカの船をイギリスの船と勘違いしたのだと言う。

ラージャ号の乗組員たちはランタンの明かりの下で武装を固めていた。フランス人たちが嘆きの言葉を口々に叫びながら船に乗り込んできた。攻撃を指揮していた彼らの上官は骸《むくろ》となって長艇に横たえられ、重傷を負った船員は担ぎ降ろされた。

今日、「世界的《グローバル》／地域的《ローカル》」という言葉は、地域《ローカル》の生活が世界《グローバル》の出来事にいかに影響されているかを表現するために用いられる。カーンズ船長らは、自分たちの船がよりによってフランスの兵士と船乗りに襲撃されるとは考えていなかった。しかし、ナポレオン戦争の影響は——おもな戦場はヨーロッパと北米大陸であったが——1790年代末にマラッカ海峡近辺にいたアメリカの商人たちのところにまで及んでいた。

1805年11月の感謝祭には、セイラムのジョン・カールトン船長率いるパトナム号がマレー人に占領され、乗組員数名が殺害される事件が起きた。事件の2日前に船長は取引を終えており、2隻のイギリス船が近くに停泊していた。カールトン船長の留守中、パトナム号への乗船を許されたマレー船の船乗りたちは船の中を勝手に歩き回った。船に戻ったカールトン船長は、船員たちがマレー人たちにおびえ、不安げな様子なのに気づいた。カールトンは数名の船員を使いに出し、マレー人たちに2度と船に近づかないように警告した。その日ふたたびマレー船がパトナム号に近づいてきたので、船長は船員たちに甲板に出て攻撃に備えるように命じた。しかし訪問者は、パトナム号の船員たちと商売をしたいという中国人商人で、マレー人たちは船から出なかった。

感謝祭の日、船長は陸の商人たちと商談があった。船を出るとき、船長は南側にマレー人の帆船があるのに気づいたが、強い北風が吹いていたので、この風が自分たちの船からマレー人を遠ざけておいてくれるだろうと考えた。しかし、船長が陸で用事をすませているあいだに風が止み、マレー人の船乗り16人がカールトンの船に接近し、手持ちのコショウを買ってくれと騒いだ。6人のマレー人がコショウを運び込むことを許されたが、クリス（短剣）で武装しているようには見えなか

奴隷たちがシナモンを収穫している。スリランカ（旧セイロン）、コロンボ近郊。

った。

コショウの重さを量っているとき、パトナム号の乗組員サミュエル・ピアーソンが、船の手すりのところでふたりのマレー人にクリスが手渡されているのを目撃した。クリスとは、マレー独特の、湾曲しているか、うねのある両刃《もろは》の短剣で、白兵戦で威力を発揮するのでおそれられていた。ピアーソンの「気をつけろ」という叫びがマレー人たちの攻撃開始の合図になったようだ。ピアーソンは刺され、残りのマレー人たちもパトナム号に乗り込んできた。乗組員数名が殺され、残りは船首や船室に逃げた。

ひとりの船乗りが太い鉄の棒をつかんでマレー人をふたりか3人片付けた

が背中を刺された。船の大工だったウィリアム・ブラウンはひとり取り残されたが、長さ1メートル強の木の棒の先端にコーヒーミルを取り付け、攻撃者たちに向かって振りおろし続けた。何か所か刺されたが戦い続けるうちにほかの乗組員たちも戻ってきて、みんなでマレー人を船から追い出した。

感謝祭の夜に3人の乗組員が死亡し、少なくともふたりが戦いの傷が原因で息を引き取った。重傷を負った者も2、3人いた。1隻のイギリス船が乗組員たちをマレーシア半島のペナンに運んでくれた。1806年2月、この戦いのヒーローだったウィリアム・ブラウンはカルカッタに到着し、そこで事件の詳細が語られ、7月4日付のセイラム・ガゼットに掲載された。

●スパイス、混ぜものをされる

19世紀を迎える頃には、スパイスはエデンの園から川を流れてやってくるという中世のイメージはすっかり廃れていた。

14世紀、コショウがはじめてイギリスに到着し、コショウ商人のギルドに管理されていた時代には、スパイスの輸入には厳しい基準が設けられていた。ギルドは、クローブを水に浸して重さを増やしたり、値段をつり上げることを禁じた。スパイスの容器に混ざったほこりやごみなども厳重に取り締まった。ギルドには、店に立ち入って粗悪なスパイスを押収する権利さえ認められていた。一方混ぜものをする側も、ショウガを再利用したり、古くなって廃棄されたスパイスをあたらしいスパイスに混ぜたりするなど、さまざまな手口を考えた。

ときには健康に有害な物質が混入されることもあった。１８５０年、アーサー・ハサル医師が、食品や飲料品から検出された30の有害物質を一覧表にまとめた。中には猛毒もあった。たとえば、粉末トウガラシには運動機能や認知機能に悪影響を及ぼすおそれのある鉛が含まれていた。１８２０年代には、フレデリック・アークム〔１７６９～１８３８〕が、『食品の不純物混入と有毒食品、およびその検出方法』を著し、本物のコショウと偽物の混ぜものについて次のように説明した。偽物はアマニ油の残りかす、粘土、粉末トウガラシから作られる。偽物を見分けるには水に入れてみるとよい。偽物は崩れるが、本物はそのままである。粉末コショウはかさを増やすために、しばしばちりやほこり、ペパーダスト〔コショウ倉庫で掃き集められたごみ〕と混ぜられる。

次に挙げるシナモンの例は、混ぜものに対する受け止め方がアメリカとイギリスというふたつの文化でまったく違うことを示していて興味深い。１８２０年代初頭のイギリスでは、カシアの樹皮がシナモンと混ぜられていると不純物混入として訴えられた。イギリスでは伝統的にカシアはシナモンに劣ると考えられていたので、シナモンのほうが好まれていた。一方アメリカでは、カシアはシナモンとして販売されている。おそらく「シナモンの代替品」と考えられているのだろう。

ハロルド・マギーは『マギー キッチンサイエンス——食材から食卓まで』（香西みどり他訳。共立出版）で「アメリカで売られているシナモンの大半は、じつはカシアである。このふたつは色で簡単に区別できる。本物のシナモンは淡褐色で、カシアは濃赤茶色である」と述べている。カシアには、中国種、サイゴン種、バタヴィア種の3種類があり、それぞれ樹皮の色が異なるのだから、さらにややこしい。ある国ではシナモンの不純物とされているものが、別の国ではシナモンとして通っている。

◉スパイスは世界へ

19世紀、スパイスは世界に広まった。オランダはモルッカ諸島の最高品質のスパイスを厳しく管理していた。イギリスはインドとインドのコショウ貿易を支配し、フランスはクローブ産業で辣腕《らつわん》をふるった。アメリカは東南アジアのコショウを東と西に届けた。トウガラシは東へ、すなわち東南アジアと南アジアへ移動を続け、これらの地域の人々の食生活に確実に浸透していった。

この時代についてぜひ触れておかなくてはならないことがある。陸上と海上の輸送手段の発達だ。蒸気船の開発によって、スパイスが地球をより速く効率的に移動できるようになっただけでなく、お金さえあれば誰もが海外を旅し、あらたな文化と料理を体験できるようになった。トーマス・クック・グループ［イギリスの旅行代理店。近代ツーリズムのさきがけ］のようなこれまでになかったビジネスも誕生し、富裕層も、彼らに仕えるそれほど裕福でない人たちも、世界を旅して知らない文化に親しめるようになった。陸上では、蒸気機関車の発明によって広域にまたがる鉄道システムが発達し、遠隔地に住む人どうしが行き来し、海外の旅行者が内陸を移動できるようになった。

スパイスはもはや富裕層のための異国の食べものではなかった——誰もが手に入れられる製品に

なっていた。

第5章 ◉ 20世紀以降

胡椒の恋――あれはそういったものではなかったか。
エイブラハムとオローラは胡椒の恋に落ちた。
マラバルの黄金の上で。
――『ムーア人の最後のため息』サルマン・ルシュディ（寺門泰彦訳。河出書房新社）

ここ150年、スパイス貿易はイギリス経済にほとんど影響を与えていない。オランダは植民地支配末期に行き詰まったものの、19世紀には人道的改革に取り組み、進歩的な科学的農法を次々実践するなどして第二次世界大戦までコショウ貿易の第一線に踏みとどまった。しかし1949年にインドネシアが独立したため、オランダはインドネシアと対等な付き合いをしなくてはならなくなり、旧植民地の自然の恵みを思うがまま搾取することはできなくなった。オランダ人に代わって香辛料貿易を行なうようになったのは中国人だった。

第二次世界大戦後、アメリカにスパイス・ブームが到来した。太平洋やヨーロッパの戦場で異国

市場で売られるスパイス。中国、蘭州。

の文化と味を覚えて帰国したアメリカ兵たちのおかげで、スパイス市場は拡大した。1960年代から70年代にかけて、スパイスの消費量は人口増加率の5倍も増えた。1990年のアメリカのスパイス消費量は、もっとも人気のある黒コショウの消費量を含めて世界全体の17パーセントを占めた。現在、世界のコショウ貿易を支配しているのはベトナム、インド、インドネシア、シンガポールだ。

現代では、スパイスがどこで、どのように栽培され加工されているのか、気候変動がスパイスにどのような影響を与えているのかが、スパイスの開発、販売、流通の鍵を握っている。スパイスの使用法が変化したことも、20世紀以降のスパイスの行方を考えるうえで無視するわけにはいかない。

16世紀や17世紀のスパイス貿易にくわしい人に、現在世界最大の黒コショウの産地はどこかと尋ねれば、西インドだという答えがきっと返ってくるだろう。しかし現実には、現在コショウの世界最大の輸出国はベトナムだ。2004年、ハリケーン「イワン」に襲われるまで世界最大のナツメグの産地だったカリブ海グレナダ島では、ナツメグ栽培はどうなっているだろうと尋ねたら、その人は、ナツメグの産地はカリブ海ではなくインドネシアのバンダ諸島だと答えるだろう。最後に、インドネシアではクレテックというクローブ入りのタバコが大人気で、インドネシアは足りないクローブを海外から大量に輸入していると言ったら、目を丸くするだろう。なんといってもクローブの原産地は香料諸島で、何世紀ものあいだそれ以外の場所では収穫されなかったのだから。アメリカ古代文明の研究者も、かつてアステカ帝国があったメキシコで消費されているトウガラシは現在ほとんど輸入ものなのだと聞いたら唖然とするはずだ。

●スパイス帝国におけるマコーミックの台頭

世界最大手のスパイス・メーカー、マコーミックは、1889年、メリーランド州ボルチモアに設立された。セイラムを出航した最後のクリッパー船［大型高速帆船］がスマトラから帰国したのは南北戦争［1861～1865］がはじまる前のことで、ニューヨークやボストンが国際貿易を支配するようになるにつれ、貿易港としてのセイラムはさびれていった。それからおよそ100年間、アメリカとスパイスの原産地の直接のやり取りは途絶えた。

驚くべきことに、1960年代までアメリカのスパイスはもっぱらニューヨーク市の商人――アジアやアフリカのスパイス原産地と直接取引をするオランダ人やドイツ人から商品を取り次ぐ仲

ボルチモア中心街港湾部に建つマコーミック社と工場。20世紀初頭から20世紀後半にかけて、ボルチモアの街にはスパイスの香りが立ち込めていた。

買人――を通じて購入されていた。こうしたヨーロッパ人は、ニューヨークや、スパイス貿易に歴史的に関係が深い国際都市の商人を通じてスパイスを流通させるシステムをつくりあげていた。アメリカで産声をあげ、成長したマコーミックも、創業以来75年間この流通網に組み込まれてきた。

しかし1960年代後半、マコーミックは「グローバル・ソーシング」と呼ばれるプログラムに着手し、世界のスパイス市場の頂点を極める第一歩を踏み出す。マコーミックの元国際スパイス・バイヤー、ハンク・ケストナーが、世界中を飛び回り最高のスパイスの産地を特定するキャリアをスタートさせたのもちょうどこの頃だった。彼は、先頃退職するまでの数十年間で世界のスパイスの産地を目指す旅に185回出かけた。

ケストナーは、16世紀から18世紀にかけてヴァスコ・ダ・ガマら探検家が刻んだ足跡をなぞったことについて抱いた感慨をくわしく語ってくれた。彼らはみな――ケストナーが数百年後に行なったように――スパイスの産地を探し求めたのだった。かつてスパイスを追い求めた国々の要塞、過ぎ去った時代の冒険を称える記念碑を目にするたびに、ケストナーは世界中にスパイスの山が築かれた古き時代に思いを馳せたという。

あらたなシステムで、マコーミックはアフリカから東アジアにまたがるスパイスの最高の産地を特定に乗り出し、十数か所にのぼる世界各地の輸出業者とグローバル・ソーシングの契約を結んだ。マラバル海岸や西インドのスパイス商と提携する場合もあれば、地域の既存企業と契約する場合もあった。

ビー・ブランドのスパイスの広告。19世紀末から20世紀初頭にかけて、マコーミックは「ビー・ブランド」という名前でスパイスを販売していた。

たとえばインドネシアでは、オランダのシステムを受け継いだ中国系の貿易会社と提携したり、1970年代から1980年代にかけてはスハルト政府と協力したりした。異文化の中で商人として活動したインドネシアの中国人は、彼らの通商の歴史に小さな足跡を残したに違いない。彼らは儲けに目がない商人で、莫大な利益を手にしたため、その桁違いの富が地元のインドネシア人の反感を買って暴動が起きる場合もあった。こうした脅威を回避するために、中国人はしばしばインドネシア人の名を名乗って身元を変え、地元社会に溶け込もうとした。

世界各地の業者と提携することによって、マコーミックは家庭と外食産業の両方に製品を供給し、スパイス小売市場を支配する一歩を踏み出した。ここ半世紀のあいだ、マクドナルド、ケンタッキーフライドチキン、ウェンディーズ、バーガーキングといった、アメリカをはじめ世界各地に巨大食品製造小売りチェーンが誕生し、増加の一途をたどる世界人口を支えている。そしてクラフトフーズ、ゼネラルフーズ、ピルズベリーといった大規模な食品会社が大量の輸入スパイスを消費している。

現在でも家庭でスパイスは消費されているが、フライドチキンの衣やハンバーガーの種、ソースなどの調味料、スーパーマーケットの棚にぎっしり並べられた加工食品に使われる量とは比較にならない。確かめたければ、缶や箱、冷凍食品のラベルに記載された表示を見ればいい。さまざまな製品にさまざまな種類のスパイスが入っている。

家庭内の消費から大量生産の製品へターゲットが移ったことにより、マコーミックはスパイスの開発と販売に対する科学的アプローチを重視するようになった。いまや、加工食品に入れられ、（何十億人とは言わないにせよ）数千万人単位で刻一刻と消費されるスパイスの品質と純度こそが問題だった。ハンク・ケストナーはスパイスの原産地を実際に歩いて、シナモンが樹皮からどうはがされるのか、天日で乾燥させたクローブがどう選別されるのかを見た。そうすることで、市場に出荷する前に、原料のスパイスの品質を一定に保つには何をすべきか突き止めたに違いない。その対策のひとつが、手洗いからスパイスに混入している異物のふるい分けまで、製造のあらゆる面で衛生管理を徹底する小規模な工場の立ち上げだった。

品質管理は重要だった。この「グローバル・ソーシング」には、厳しい品質管理と、スパイスの

ビー・ブランドのバニラの広告。1890年代の創業以来、マコーミックはニューヨークの輸出事務所を通じて南米、ヨーロッパ、アフリカ、インド東部、インド西部へ商品を発送していた。

最高の産地の見極めと管理を任せられる現地の監督者を見つけることも含まれた。これは、マコーミックが世界市場で競争する際の強みにもなった。スパイスを現地で管理することによって高品質と低価格を実現できたからだ。ここ数十年、多くの大手食品メーカーが自社製品にマコーミックのスパイスを使用している。

スパイス市場を現在支配しているのはマコーミックだが、ヨーロッパ、アジア、アフリカ、オーストラリア、そしてアメリカの多数の小規模メーカーも好調であり、さまざまな食品や世界各地の流通市場にスパイスを供給している。

●国際的なスパイス貿易グループ

1906年、1冊の本が全米の家庭を震撼させた。アプトン・シンクレア［1878〜1968］の『ジャングル』（大井浩二訳。松柏社）は、家庭向け食肉加工工場の不衛生な実態を告発した。この本を読んだ国民の激しい抗議を受けて、国は食品の安全を守る法律を制定した。1年後、ニューヨーク市で米国スパイス貿易協会（ASTA）が設立される。開会のスピーチでは、スパイス貿易も純正食品法の理念を追求すること、先頃連邦議会を通過したアメリカ純正食品薬品法を支持することがとくに強調された。

アメリカ国民は『ジャングル』にショックを受けており、スパイス商人たちは世論の怒りの高まりを感じていた。つまり、この会合に出席した56名にとっては、不衛生な環境のせいで職を失うかもしれないという不安こそが原動力だったのかもしれない。設立からの数十年間、ＡＳＴＡ（会員は全員アメリカの貿易商だった）の関心は、契約と調停というビジネスの根幹と、純正食品法を施行する連邦政府とのコネづくりにもっぱら向けられていた。

１９２９年の世界大恐慌はあらゆる産業に影響を与えた。スパイス業界も例外ではなく、ＡＳＴＡはその後数十年間業界再編などでこれを乗り切った。１９７０年代に入ると、70年前のように、政府の規制と、スパイスの品質と純度に対する懸念が高まった。品質管理、包装、栄養、衛生管理などの問題に注目が集まった。１９８０年代には、チェルノブイリ原発事故によってヨーロッパ中にばらまかれた放射性物質が農作物や加工品を汚染したのではないかという不安があらたに生じ、食品の産地と、産地の状況が問題にされるようになった。１９９０年代には、食品の安全性やトランス脂肪酸のようなあらたな問題が前面に押し出された。21世紀に入ると、ＡＳＴＡは規模を全世界に広げ、アメリカと貿易を行なうすべての国のスパイス・メーカーに参加を呼びかけた。

現在、ＡＳＴＡはアメリカのスパイス貿易を扱う国際的包括組織だが、国、地域、もしくは個人のスパイス製品を代表する国際的なスパイス協会はほかにも多数存在する。カナダ、南アジア、日本、オーストラリア、そしてデンマーク、イタリア、ドイツ、イギリスなどヨーロッパ各国にもそれぞれスパイス協会がある。

◉スパイス世界が抱える現代の問題

こうした各国のスパイス協会のウェブサイトをひとつでも覗いてみれば、卸売業者や企業が直面している無数の問題にぎょっとするだろう。そこには「臭化メチル」「スパイスへの混ぜもの」「職場の衛生環境」「酸化エチレン」「食品添加物」といった物騒な文字が躍っていて、見ているうちにスパイスに対する不安がむくむくと湧きあがってくる。かつてスーパーマーケットでスパイスの瓶に手を伸ばした人たちはこんな悩みとは無縁だっただろう。

「職場の衛生環境」という言葉の意味はあきらかだが、スパイスへの異物の混入は何百年も前から問題になっていた。アジアの貿易港に出入りしていたヨーロッパの初期のスパイス商人は、異物を足してスパイスの袋を重くしようとする納品業者にたえず目を光らせていた。まんまとかつがれて、次回の旅まで損失を取り返せないこともあった。しかし現代のスパイスへの異物の混入はこれとはわけが違う。

ひとことで言うとこういうことだ。スパイスの瓶、もしくはスパイスが入っている食品の箱に貼られたラベルは、そこにスパイスが入っていることを意味するのか？　仮にそうだとしても、ラベルに記載されたスパイスが入っているのか？　ハンバーグの種にクローブと黒コショウが入っていますと書かれていても、信じられるのだろうか？　ひょっとして偽物ではないだろうか？　こんなときこそ化学と科学の出番だ。船から降ろされたクローブの袋を空けて、クローブの茎とつぼみを

トウガラシを吊るして乾燥させている。中国。

すべて目の前に広げて異物を確かめることのできた時代は終わった。
臭化メチルガスは農作物の病害虫駆除のために利用されているような物質であり、イギリスでは、コープ（生協）やマーク＆スペンサーのような高級スーパーマーケットが段階的な使用停止を呼びかけている。酸化エチレンガスは、スパイスに有害な微生物を殺菌する化学物質だ。そして、食べものに染み込んだこうした化学物質を摂取すると発がんリスクが増すこともわかっている。アメリカでは、食品医薬品局（FDA）がこうした化学物質や添加物をすべて分析し、認可されていないものは使用できないことになっている。1986年以来、スパイスへの放射線照射が行なわれるようになった。放射線照射ならば、スパイスの形や風味を損なわずに殺菌・殺虫を行なえる。

人間の体は毎日数百種類の物質を取り込んでおり、そのほとんどが問題なく消化されている。ときおり世間は、添加物や殺菌の工程に関する事実を知らされていなかったことに不安になる。問題が発覚して、企業の広報部が激しい批判にさらされることもある。にもかかわらず、最近あるスパイス業者はスパイスと添加物についてこんな問題発言をした。コショウ数粒やクローブ少々に含まれる化学物質にどんな悪影響があると言うのだ？　同じような添加物が入ったステーキや野菜をはるかに大量に食べているじゃないか？

◉オーガニックスパイスとフェアトレード

多くのスパイス・メーカーが、オーガニック（有機栽培）スパイスの開発とマーケティングに力を入れている。マコーミックは、家庭向けのオーガニックスパイスシリーズをあらたに発表した。ウォルマート、ビージェイズ、サムズ・クラブ、コストコといった消費者にまとめ売りを行なう大型スーパーマーケットは、顧客のためにより多くのオーガニック製品を求めている（ホールフーズ・マーケットやトレーダーズ・ジョーのような有機食品の専門店や、非有機食品より有機食品の品ぞろえのほうが充実している店もある）。アメリカでのこうした変化は、２０００年にはじまった農務省のナショナル・オーガニックプログラムに後押しされている面もある。農務省は、オーガニック製品を開発しているという企業に対して査察も行なっている。現在では市場で販売されている農作物の5～10パーセントがオーガニックと考えられている。

アラビア半島南西端に位置するイエメンのスパイス市場

この数十年、「フェアトレード」という言葉が聞かれるようになった。フェアトレード（公平な貿易）の基本的な考えをスパイス貿易にあてはめてみよう。クローブ1ポンドを製造するのに1・5ドルの生産原価がかかるとする。しかし実際にはクローブの店頭価格は1ポンドにつき1ドルから2ドルといったところだろう。これは、生産者に正当な対価が支払われていないということだ（あるいは、経済効率以外は何も考慮しない荒っぽい方法できわめて安く生産しているか）。フェアトレードとは、一般的な店頭価格に関係なく生産原価の1・5ドルが生産者に渡るようにしよう、という運動だ。当然フェアトレードの小売価格は一般の小売価格より高くなるが、生産者に条件のよい取引を実現することで、地球的な意味での持続可能な開発をめざすものである。

有機農業はさまざまな方法で展開されている。バーモント州に拠点を置くスパイス卸売業者フォレストレードは、スマトラで活動をスタートさせた。フォレストトレードの設立者トーマス・フリッケは、スマトラ島にある国立公園の商業的開発を食い止める方法を見つけてくれと頼まれた。フリッケは、シナモンを主力作物に据え、国立公園を危険にさらす大規模な森林伐採を行なわなくても、地元農家がオーガニックスパイスを育てられる方法を示した。鍵となったのは、適正な代金を支払ってスマトラの農家の人たちの労働にきちんと報いてくれる、ヨーロッパと北米の販売業者にシナモンを卸すことだった。

これは簡単な話ではなかった。地元の農業組合、個人事業者、既存企業、そして地元の民間環境保護団体など、地元農家と卸売業者のネットワークをはじめとするさまざまな要因が絡んでいたからだ。そんな複雑なネットワークを共通の目的のために結びつけなくてはならなかった。それが成功してはじめて環境保護と利益の両方にプラスが生じる。フォレストトレードは現在、インドネシアとグアテマラの200の自治体の6000の地元生産者と協力し、スリランカ、インド、マダガスカルの生産者とも提携している。

フェアトレードの実践による進歩のもうひとつの例がサラガマだ。サラガマとは、もともとスリランカの仏教徒で、シナモンの樹皮をむく仕事を生業《なりわい》としていた人々のカーストを指す。ポルトガル人、オランダ人、そしてイギリス人がこの島のシナモン貿易を支配した数世紀間、サラガマは毎年貢物を納めなくてはならなかったために貧窮した（ポルトガル植民地の時代だけで貢物の量は6倍に増やされた）。イギリス植民地の時代、サラガマの死亡率は急上昇した。そのため、ヨーロッパ人入植者に課せられる苛酷な労働を免れられるように、サラガマは子どもを別のカーストの名で登録するようになった。

近年、シナモン労働者の状況は改善され、いまでは地元のフェアトレード協会に商品を売りにいくと、この甘い香りの作物に対して市場相場に40パーセント上載せした代金を支払ってもらえる。こうしたフェアトレード事業は、スパイス製品にほんの少し余計にお金を払うだけでうまくいくようだ。それによってスパイス農家の人々の生活を向上させ、数世紀にわたって続いた人権侵害の傷跡を小さくする協力もできる。

●スパイスと健康

スパイスは、これまでずっと健康的な習慣の源と考えられてきた。しかし、古代や中世から伝わる治療法の多くは、科学革命や現代医療の光の陰であまり評価されなくなっている。とはいえ、今日でもスパイスが健康にいいことに変わりはないようだ。

シナモンにはコレストロールと血糖値を下げる作用があるので2型糖尿病の人にお勧めだ。カンジダ症の予防や、白血病や悪性リンパ腫の進行を抑制するという研究報告もある。デンマークで行なわれた関節炎予防に関する研究では、炎症を軽くする効果が認められた。バクテリアの増殖や食物の腐敗を遅らせ、低温殺菌処理をしていない果汁などの病原性大腸菌を殺す働きもあると言われている。カルシウム、鉄分、食物繊維、マンガンも豊富に含まれており、認知機能を高め、記憶力をよくすることもわかっている。

アメリカ産のトウガラシは、消化器系、循環器系のどちらにもいい影響を与える、栄養もあり、健康にもいいスパイスとしてもてはやされている。消化器系に関しては、消化の働きに不可欠な塩酸の生成を助ける。心臓発作の予防にもなる。にきびやおでき、咳、風邪、低血圧にも効果があると言われている。歯痛に効くと言う医者もいれば、活力を高めると言う医者もいる。

ただしこれだけは覚えておいていただきたい。多くのスパイスは一定期間を過ぎると効果が失われる。オーストラリアのシドニーに本社を置くハービーズ・スパイスのイアン・ヘンフィルのように、商品の包みに賞味期限を明記している業者もいる。マコーミックは「ラベルにバルチモア、ＭＤ（メリーランド）と書かれているものは、少なくとも15年以上前の製品です」と注意を呼びかけ、スパイスの経年劣化についてウェブサイトで情報を開示してもいる。

●スパイス、文化と歴史

多くの暑い《ホット》地域では、使用されているスパイスも辛い《ホット》。インド南部、メキシコ、そしてアフリカの一部地域の料理には、たいてい、舌がひりひりして、額に汗がにじみ出すようなスパイスが入っている。アラブ世界では、暑くても食欲が増し、乾燥した砂漠地帯に不可欠な水分をしっかり取りたくなるスパイスミックスが使われている。私自身は刺激に乏しいドイツ料理を食べて育った。好物もあったけれど、正直なところ食欲があまりわかない料理もあった。なぜ、うちの母親はこういう味つけをするのだろうと思ったものだ。小学校高学年から寄宿学校に入り、その後高校、大学と進学してもだいたい似たような料理を食べていた。学生時代に食べた最高にスパイシーな料理はケチャップ味のスパゲッティだったと思う。成人してから都会を訪れ、世界のさまざまな国の食事やスパイスに触れるようになった。じつに幸福な体験で、それ以来私はスパイスの虜になった。

10年ほど前になるが、世界各地の文化とスパイスの使用法をテーマにした研究論文がアメリカで発表された。その論文は36か国の料理を分析して（93冊の料理書に掲載された4578の「伝統」料理を基にしている）、暑く、湿気の高い国ほど、料理に香辛料を効かせることをあきらかにした。この論文の著者であるジェニファー・ビリングとポール・シャーマンは、（暑い地域では）食物が腐敗する危険が増すため、スパイスという自然の抗菌薬に頼る。すなわち、スパイスをたくさん入れるほど、細菌などの微生物が原因で生じる胃や体の不調を防げると結論した。

さらに、調査の対象としたレシピの93パーセントには少なくとも1種類のスパイスが入っていることもわかった。エチオピア、ケニア、ギリシア、インド、インドネシア、イラン、マレーシア、モロッコ、ナイジェリア、タイのすべての料理にはスパイスが入っていた。一方、フィンランドやノルウェーといった北ヨーロッパの国の料理には3分の1のレシピにしかスパイスが使われていなかった。この論文は、最後に強力な裏付けとして、ほぼ同じ緯度に位置し、距離的にも非常に近い日本と韓国のスパイスの使われ方の違いを取り上げている。韓国人は日本人の約1・5倍料理にスパイスを入れる。その結果、韓国は日本より食中毒患者の数が少ない（10万人あたりの食中毒患者数が韓国人3人に対し、日本人は30人）。

ブート・ジョロキア。インド北部で発見された、世界でもっとも辛いトウガラシ。スコヴィル辛味単位は100万超。

◉スパイスは世界へ

スパイスは円熟の極みに達したかのように思える。いまや世界のあらゆる地域で、食という枠を超えた多くの産業で多様な使われ方をしている。スキンケア製品と化粧品を展開するイギリスのブランド、モルトンブラウンは、オードトワレ、ボディウオッシュ、ボディローションなどが揃ったブラックペッパー・コレクションを展開している。黒コショウ、ショウガ、クミン、コリアンダーがブレンドされた「男らしいが、圧倒的ではない」香りが特徴だ。セレブ御用達のロンドンのフレ

ドイツのスパイス工場の広告葉書（1912年頃）。シナモンの茎を集めている。シュネッケンという、アイシングがかかったシナモンロール（シュネッケンはドイツ語で「かたつむり」という意味）は、ドイツで人気のお菓子。

グランス・ブランド、ジョー・マローンが最初に発表したナツメグとジンジャーの香りはいまももっとも人気のある商品のひとつ。

今日、世界のどこの都会の中心街でも、小さな町でも、ここ1000年のスパイスの歴史を反映したエスニック料理の店が軒を連ねている。ビルマ、メキシコ、インド、チベット、タイの料理を、もはやニューヨーク、ロンドン、アムステルダム、シンガポールのような大都市にかぎらずどこでも食べられる。世界各地から移民がやってきて、とくにますます多くのアジア人が西欧諸国に移住するようになって、小売店や飲食店でアジアの食材はさらに手に入れやすくなるだろう。

ここ数百年の究極のスパイスミックスがカレー用スパイスだ。カレーは、肉もしくは魚、野菜、果物をスパイスミックスで味つけした煮込み料理である。インドでは、スパイスミックスをマサラと言う。ガラムマサラには、黒コショウ、シナモン、クローブなどが入っている。また、インドで生まれたビンダルーという料理もある。これは、マラバル海岸にポルトガル人が植民地を築いた時代にさかのぼる、ポルトガル人にもゆかりの深い料理で、肉か魚をワインビネガーとニンニクと煮込んでスパイスで風味をつけたもの。インド人がつくるときは、マスタードオイル、ギーという精製バターもしくはラードで肉を炒め、ニンニク、さらに主役のトウガラシを加えてピリッと味つけする。カレーとその仲間たちは、異文化の出会いを反映する国際的料理として、また地域料理として進化を続けている。

世界にはさまざまなスパイスミックスがある。イギリスには長い伝統を持つピクリングスパイスがある。これは、オールスパイス、クローブ、メース、トウガラシ、コリアンダー、マスタードの種、ショウガをホールのままブレンドしたスパイス［ピクルスを漬けるときに一緒に漬け込むスパイスで、木綿の小さな袋などに入れる］。プディングスパイスもイギリスで考案されたもので、シナモン、クローブ、メース、ナツメグ、コリアンダー、オールスパイスが入った甘いスパイス。ビスケットやデザート、ケーキつくりに用いられる。アメリカ生まれの有名なスパイスミックスがケイジャンシーズニング。赤トウガラシと黒コショウなどが入っている。

オーストラリアでスパイスの小売店を営み、スパイスに関する著書もあるイアン・ヘンフィルは、オーストラリアの食を豊かにする数多くの自生植物を紹介している。その中のひとつがアカシアの種子を粉末状にしたワトルシードだ。これは、アカシアの一種でアウトバック［奥地］に自生している樹高6メートルに達するマルガという木の実からつくられるスパイス。アボリジニは、タンパク質を補給するためにマルガの実を食べていたが、スパイスとして利用するには、炒って細かく挽く必要がある。粉末状のワトルシードはコーヒーの粉によく似ている。香りも、少し苦くて木の実のような味もコーヒーそっくりだ。アイスクリームやヨーグルト、チーズケーキ、ホイップクリームの味つけに使う。パンケーキに入れる場合もある。パンにも、少量であればチキン、ラム、魚料理の味も引き立ててくれる。ヘンフィルと、彼の妻で店の共同経営者でもあるエリザベスは、伝統的なスパイスと地元のスパイスを融合している（その試みについては、著書『スパイスノート *Spice Notes*』にくわしい）。

文化的融合は、ヨーロッパ人が遭遇した地域ではヨーロッパの大国に影響を及ぼした。しかしポルトガル本国では、かつてあれほど渇望したスパイスは昔からあまり使われていない。オランダの場合はそうでもなく、数多くの主菜とデザートにスパイスが取り入れられている。リスターフェル［オランダ人が考案したライス、肉、魚介類、野菜、香辛料などの入った小皿を並べたインドネシア風おもてなし料理］には、煮込んだり、サテのように串焼きにしたりしたさまざまな肉料理が登場する。オランダのスパイス帝国（と植民地）の主要舞台だったスマトラ島、バリ島、ジャワ島の文化を反映した料理だ。アムステルダムやオランダの各都市でよく見かけるインドネシア料理店も、彼らのスパイスの歴史を反映している。

インドを支配していたイギリスにはカレーが根付いた。リジー・コリンガムの著書『インドカレー伝』（東郷えりか訳。河出書房新社）によれば、チキンティッカマサラ［タンドールで焼いた鶏肉をトマトとクリームをベースにしたカレーで煮込んだ料理］のようにイギリスのあらたな国民食となった料理もある。しかし批評家の中には、インド亜大陸以外の場所にある、インド料理店の「インド」料理は本場で調理され食べられているものとはまったく別物だという人もいる。西洋の中華料理店、とくにいたるところにあるテイクアウト用の中華料理店で提供される料理についても同じことが言われている。

自宅で、スーパーマーケットで、スパイスなど食品の容器や箱に記載された表示を見てみよう。レストランに行ったら料理にどんなスパイスが使われているのか尋ねてみよう。インターネットでスパイスの産地や、さまざまなスパイスを使ったレシピや、スパイスの歴史を調べてみよう。スパイスはあなたとともに、あなたのそばに、あなたの内にある。スパイスを試してみよう、楽しもう、そしてあなたの食卓と舌に届くまでにスパイスが飛び越えてきた果てしない距離と時間に思いを馳せてみよう！

謝辞

本書が完成するまでの数十年をふり返って、まず、盟友のアンディに感謝したい。私たちは、世界教育コンサルタント会議の合間を縫って、さまざまな街の書店をめぐり、歴史と食について、そして食の歴史とスパイスが果たした役割に関して、どう調査を進め、文章にし、教えたらいいか、長い時間をかけて話し合ってきた。編集に際してはパトリシア・バイヤーから有益な助言を賜り、構成を決めるにあたってはナンシー・セルデンにご尽力頂いた。最後に妻ベティーに、本作品をこうしてまとめるまでのあいだ、つねに変わらなかったその忍耐強さに心からお礼を言いたい。

訳者あとがき

あなたの家の台所の片隅にも、きっとコショウの小さな瓶があるに違いない。そして、どこのスーパーマーケットにも、スパイスの瓶がずらりと並んだ専用のコーナーがある。現代のスパイスは、もっぱら料理の素材の香りやうまみを引き出す調味料、香辛料として、日々の暮らしのアクセントになっている。本格的なインド料理や東南アジア料理に欠かせない複雑精妙なスパイスミックスはもちろん、夜食のラーメンにふりかけるコショウ、アップルパイに入れるリンゴの甘煮に加えるシナモン……いまやスパイスはじつに身近で、日常的な品物と言える。

しかし、そのスパイス、かつては非常に稀少な、高値で取り引きされる特別の商品だった（英語のスパイスという言葉は、ラテン語で「特別な種類」という意味の「species」に由来する）。古代には伝説の国からやって来るとされ、王侯貴族や身分の高い僧など一部の特権階級しか利用できなかった。スパイスは調味料としてのみならず、焚き染めるお香や香水に入れる香料として愛され、薬としても重宝されていた。古代エジプトではミイラづくりにも欠かせなかったという。非常に高値で取り引きされたため、スパイスを手に入れるために、時の権力者や商人たちは文字通り財産と命を懸けて争奪戦を繰り広げてきた。どれくらい高価かと言えば、同じ重量の銀と等価で交換されたという説もあり、本書にも、コショウが貨幣代わりに税金としておさめられた、14世紀のドイツではナツメグ1ポンド（約450グラム）が雄牛7頭に相当したなどのエピソードが紹介されている。現在和牛1頭（去勢。中程度の肉質）の価格が80万円くらいだそうだから、単純に換算すると、ナツメグ450グラムが560万円に相当することになる。もし、当時カレーを作ったとしたら、1皿いったいいくらになっただろう！

ありがたいことに、現在ナツメグは450グラムで2500円くらい（14世紀の2240分の1の価格）。その他のスパイスもかつてのような高額商品ではなくなった。そのおかげで、前述のように私たち庶民も気軽にさまざまな種類のスパイスを使えるようになった。本書に描かれているのは、そんなスパイスのグローバル化、民主化の歴史であり、裏を返せばじつに壮大な価格破壊の物語でもある。本書では、スパイスの価格破壊がなぜ可能になったのか——大発見時代の探検家により東西を結ぶあらたな交易ルートが開拓され、中間商人が排除できた。また、香料諸島にしかなかったスパイスが世界各地で栽培されるようになり供給量が増加した——その過程が丁寧に、興味深いエピソードをふんだんに盛り込みながら描かれている。

そもそもかつてスパイスはなぜこれほど高価だったのか？　一説には、スパイスは遠く離れた国でしか生産されておらず、入手が困難で、スパイスを所有すること自体が富や権力の象徴だったからとある。本書にも、料理が見えなくなるほどふんだんにスパイスをかけて客に振る舞う中世の顕示的消費の話があった。また、14世紀にヨーロッパで猛威をふるった黒死病の影響を指摘する説もある。近代医学が誕生する以前のヨーロッパでは、修道院などで実践されていた薬草を使った僧院医学が主流であり、薬草の中でもっとも珍重されていたのがスパイスだったというのだ。スパイスに生死がかかっていた（と考えられていた）ために、人々は血眼になってスパイスを探し回り、スパイスに払う金を惜しまなかった。そして、近代医学の発達とともにスパイスの価値と価格も下落したのかもしれない。

本書では、20世紀以降大量生産が行なわれるようになってからのスパイス産業についても詳しく、古代から現在にいたるスパイスの歴史が網羅された貴重な本と言えるだろう。

原書 *Spice: A Global History* は、数々の食べ物の歴史を美しい図版とともに紹介する The Edible Series の一冊として、イギリスのリアクションブックス社より２００９年に刊行された。同シリーズは料理とワインに関する良書を選定するアンドレ・シモン賞の２０１０年度特別賞を受賞している。著者のフレッド・ツァラは、国際教育コンサルタントとして活躍し、セントメリーズ・カレッジ・オブ・メリーランドで世界地理と世界史を教えている。

本文中の引用文献は訳者による私訳であるが、以下のふたつについては注記しておきたい。第1章冒頭の旧約聖書『雅歌』は新共同訳の引用である。第4章冒頭の『不思議の国のアリス』の引用については、ウェブサイトAlice in Tokyoの以下のページhttp://www.alice-it.com/wonderouserland/top.htmlを参考にさせていただいた。記して感謝申し上げる。また、訳者あとがきでは『日本文明と近代西洋』(川勝平太著。日本放送出版協会。1991年)を参考にした。

本書の訳出にあたっては、今回も原書房の中村剛さんにたいへんお世話になりました。心よりお礼申し上げます。

2014年4月

竹田　円

写真ならびに図版への謝辞

著者と出版社より，図版の提供と掲載を許可してくれた関係者にお礼を申し上げる。すべての作品の出典を掲載することはできなかったが，一部については下記を参照されたい。

Photo Alinari/Rex Features: p. 54; photo © Xavi Arnau/2008 iStock International, Inc.: p. 6; photo by the author: p. 136; Biblioteca Casanatense, Rome: p. 80; Bibliotheca Estense Universitaria, Modena: p. 50; Bibliothèque Nationale de France, Paris: p. 21; Bibliothèque Royale de Belgique, Bruxelles/Koninklijke Bibliotheek van België, Brussel: p. 73; Bridgeman Art Archive:pp. 46, 129; The Bridgeman Art Library: pp. 66(© British Library, London/© British Library Board; all rights reserved), 68(© Museum of Islamic Art, Cairo); courtesy of the Chile Pepper Institute at New Mexico State University, Las Cruces, NM: p. 164; courtesy of the City of Salem, Massachusetts: p.137; Library of Congress,Washington, DC: p. 88; photos courtesy of McCormick&Company: pp. 150, 151, 153; photo Françoise de Mulder/Roger Viollet/Rex Features: p. 114; Museu Nacional de Arte Antiga, Lisbon: pp. 76-77, 81; Patrimonio Nacional, Madrid: p.84; Rijksmuseum, Amsterdam: p. 96; photos Roger-Viollet/Rex Features: pp.111, 122, 148, 157, 159; Royal Botanic Garden, Edinburgh: pp. 12, 40, 98, 118; maps by Nancy Selden: pp. 26, 30, 44; Wellcome Images: pp. 14, 142; TheWellcome Trust: pp. 59, 63, 83

参考文献

●スパイス全般

American Spice Trade Association, *A Glossary of Spices* (New York, 1967)
Claiborne, Craig, *Cooking with Herbs and Spices* (New York, 1963)
Daisley, Gilda, *The Illustrated Book of Herbs* (London, 1985)
Divakaruni, Chitra Banerjee, *The Mistress of Spices* (New York, 1997)
Doole, Louise Evans, *Herb Magic and Garden Craft* (New York, 1972)
Gibbs, W. M., *Spices and How to Know Them* (Buffalo, NY, 1909)
Greenberg, Sheldon and Elisabeth Lambert Ortiz, *The Spice of Life* (New York, 1984)
Grieve, Mrs M., *A Modern Herbal*, vol. II, (New York, 1971)
Hemphill, Ian, *Spice Notes* (Sydney, 2000)
Hemphill, Ian and Kate, *The Spice and Herb Bible* (Toronto,2002)
Hemphill, Rosemary, *The Penguin Book of Herbs and Spices* (London, 1966)
Humphrey, Sylvia Windle, *A Matter of Taste: The Definitive Seasoning Cookbook* (New York, 1965)
James, Wendy and Clare Pumfrey, *Cooking with Herbs and Spices* (London, 1976)
Lang, Jenifer Harvey, ed., *Larousse Gastronomique* (New York, 1984)
McCormick & Company, *Spices of the World Cookbook* (New York, 1964)
Miloradovich, Milo, *The Art of Cooking with Herbs and Spices* (Garden City, NY, 1950)
Norman, Jill, *Spices, Roots and Fruits* (London, 1989)
——, *Spices, Seeds and Barks* (London, 1989)
——, *Herbs and Spices* (New York, 2002)
Ripperger, Helmut, *Spice Cookery* (New York, 1942)
Root, Waverley, ed., *Food: An Authoritative and Visual History and Dictionary of the Foods of the World* (New York, 1980)
——, *Herbs and Spices: A Guide to Culinary Seasoning* (New York, 1985)
Schuler, Stanley, ed., *Simon & Schuster's Guide to Herbs and Spices* (New York, 1990)
Swahn, J. O., *The Lore of Spices* (New York, 1991)
Thomas, Gertrude Z., *Richer than Spices: How a Royal Bride's Dowry Introduced Cane, Lacquer, Cottons, Tea, and Porcelain to England, and So Revolutionized Taste, Manners, Craftsmanship, and History in Both England and America* (New York, 1965)

Tidbury, G. E., *The Clove Tree* (London, 1949)
Woodward, Marcus, *Gerard's Herball* (London, 1927)
ストバート，トム『世界のスパイス百科』小野村正敏訳，鎌倉書房，1974年
デイ，アヴァネル，スタッキー，リリー『スパイス物語』沼田昌子編訳，開文社出版，1985年
ノーマン，ジル『スパイス完全ガイド』長野ゆう訳，山と渓谷社，2006年
マギー，ハロルド『マギーキッチンサイエンス――食材から食卓まで』香西みどり，北山薫，北山雅彦訳，共立出版，2008年
ローゼンガーテン，フレデリックJr『スパイスの本』斎藤浩訳，柴田書店，1976年

●世界史の中のスパイス

Andrews, Kenneth R., *Trade, Plunder, and Settlement: Maritime Enterprise and the Genesis of the British Empire 1480-1630* (New York, 1984)
Arasaratnam, Sinnappah, *Merchants, Companies and Commerce on the Coromandel Coast 1650-1740* (New Delhi, 1986)
Boxer, C. R., *The Dutch Seaborne Empire, 1600-1800* (London, 1965)
——, *The Portuguese Seaborne Empire, 1415-1825* (New York and London, 1969)
Brierley, Joanna Hall, *Spices: The Story of Indonesia's Spice Trade* (New York, 1994)
Brothwell, Don and Patricia, *Food in Antiquity: A Survey of the Diet of Early Peoples* (New York, 1969)
Brotton, Jerry, *Trading Territories: Mapping the Early Modern World* (Ithaca, NY, 1998)
——, *The Renaissance Bazaar: From the Silk Road to Michelangelo* (New York, 2002)
Carr, Lois, Russell Menard and Lorena Wilson, *Robert Cole's World: Agriculture and Society in Early Maryland* (Chapel Hill, NC,1991)
Corn, Charles, *The Scents of Eden: A Narrative of the Spice Trade* (New York, 1998)
Crosby, Alfred W., *The Columbian Exchange: Biological and Cultural Consequences of 1492* (Westport, CT, 1972)
Dodge, Bertha S., *Plants That Changed the World* (Boston, MA, 1959)
Dunn, Ross E., *The Adventures of Ibn Battuta, a Muslim Traveller of the 14th Century* (Berkeley, CA, 2000)
Dupree, Nathalie, *Nathalie Dupree's Matters of Taste* (New York, 1990)
Foster, Sir William, *England's Quest of Eastern Trade* (London, 1966)
Freedman, Paul, *Spices and the Medieval Imagination* (New Haven, CT, 2008)

Hall, Clayton, *Narratives of Early Maryland* (Annapolis, MD, 1967)
eiser, Charles B. Jr, *Of Plants and People* (Norman, OK, 1985)
Hobhouse, Henry, *Forces of Change: Why We Are the Way We Are Now* (London, 1989)
Jardine, Lisa, *Worldly Goods: A New History of the Renaissance* (New York, 1996)
Keay, John, *The Spice Route: A History* (London, 2005)
Lane, Frederic C., *Venice: A Maritime Republic* (Baltimore, MD, 1973)
Lattimore, Owen and Eleanor, *Silks, Spices and Empire: Asia through the Eyes of Its Discoverers* (New York, 1968)
Masselman, George, *The Cradle of Colonialism* (New Haven, CT, 1963)
Miller, J. Innes, *The Spice Trade of the Roman Empire, 29 BC to AD 641* (New York, 1969)
Parry, J. H., *The Age of Reconnaissance: Discovery, Exploration, and Settlement, 1450-1650* (New York, 1963)
——, *The Spanish Seaborne Empire* (New York, 1966)
——, *The Discovery of the Sea: An Illustrated History of Men, Ships and the Sea in the Fifteenth and Sixteenth Centuries* (Berkeley, CA, 1974)
Pearson, M. N., ed., *Spices in the Indian Ocean World* (Brookfield, VT, 1996)
Penrose, Boies, *Travel and Discovery in the Renaissance, 1420-1620* (New York, 1975)
Prakash, Om, ed., *European Commercial Expansion in Early Modern Asia* (Brookfield, VT, 1996)
Prestage, Edgar, *The Portuguese Pioneers* (London, 1966)
Putnam, George Granville, *Salem Vessels and Their Voyages* (Salem, MA, 1922)
Ritchie, Carson I. A., *Food in Civilization, How History Has Been Affected by Human Tastes* (New York, 1981)
Russell-Wood, A.J.R., *The Portuguese Empire, 1415-1808* (Baltimore, MD, 1998)
Schurz, William Lytle, *The Manila Galleon* (New York, 1949)
Sheriff, Abdul, *Slaves, Spices and Ivory in Zanzibar: Integration of an East African Commercial Empire into the World Economy, 1770-1783* (Athens, OH, 1987)
Simoons, Frederick J., *Food in China: A Cultural and Historical Inquiry* (Boca Raton, FL, 1991)
Spicing up the Palate: Studies of Flavourings - Ancient and Modern, Proceedings of the Oxford Symposium on Food and Cookery (1992)
Thomas, Gertrude Z., *Richer than Spices* (New York, 1965)
Toussaint, Auguste, *History of the Indian Ocean* (Chicago, IL, 1966)
Turner, Jack, *Spice: The History of a Temptation* (New York, 2004)

Van den Boogaart, Ernst, *Civil and Corrupt Asia* (Chicago, IL, 2003)
Welch, Jeanie M., compiler, *The Spice Trade: A Bibliographic Guide to Sources of Historical and Economic Information* (London, 1994)
Wolf, Eric R., *Europe and the People without History* (Berkeley, CA, 1982)
Zandvliet, Kees, ed., *The Dutch Encounter with Asia, 1600-1950,* exh. cat., Rijksmuseum, Amsterdam (Zwolle, 2002)
ウォーレス，A. R.『マレー諸島』新妻昭夫訳，筑摩書房，1993年
カーティン，フィリップ『異文化間交易の世界史』田村愛理，中堂幸政，山影進訳，ＮＴＴ出版，2002年
シヴェルブシュ，ヴォルフガング『楽園・味覚――理性：嗜好品の歴史』福本義憲訳，法政大学出版局，1988年
タナヒル，レイ『食物と歴史』小野村正敏訳，評論社，1980年
ドッジ，B. S.『スパイスストーリー――欲望と挑戦と』白幡節子訳，八坂書房，1994年
ドルビー，アンドリュー『スパイスの人類史』樋口幸子訳，原書房，2004年
ハイザーJr，C. B.『食物文明論――食料は文明の礎え』岸本妙子，岸本裕一訳，三嶺書房，1989年
ファース，パトリック『古代ローマの食卓』目羅公和訳，東洋書林，2007年
フェルナンデス=アルメスト，フェリペ『世界探検全史――道の発見者たち』関口篤訳，青土社，2009年
フランク，アンドレ，グンダー『リオリエント――アジア時代のグローバルエコノミー』山下範久訳，藤原書店，2000年
ブローデル，フェルナン『地中海』浜名優美訳，藤原書店，2004年
同上『日常性の構造』村上光彦訳，みすず書房，1985年
同上『交換のはたらき』山本淳一，みすず書房，1986，1988年
同上『世界時間』村上光彦，みすず書房，1996，1999年
ホーラーニー，アルバート『アラブの人々の歴史』阿久津正幸編訳，第三書館，2003年
ミルトン，ジャイルズ『スパイス戦争――大航海時代の冒険者たち』松浦伶訳，朝日新聞社，2000年

●論文

Billing, J. and P. W. Sherman, 'Antimicrobial Functions of Spices: Why Some Like it Hot', *The Quarterly Review of Biology*, 73 (March 1998)

Clarence-Smith, William Gervase, 'Editorial - Islamic History as Global History', *Journal of Global History*, 2/part 2 (July 2007), p. 131ff.

De Vos, Paula, 'The Science of Spices: Empiricism and Economic Botany in the Early Spanish Empire', *Journal of World History*, 17/4 (December 2006)

McCants, Anne E. C., 'Exotic Goods, Popular Consumption, and the Standard of Living: Thinking About Globalizatin in the Early Modern World', *Journal of World History*, XVIII/4 (December 2007)

Seabrook, John, 'Soldiers and Spice', Letters From Indonesia, *The New Yorker* (13 August 2001), p. 60ff.

Smith, Stefan Halikowski, 'Perceptions of Nature in Early Modern Portuguese India', *Itinerario*, 2(2007), pp. 17ff

Subrahmanyam, Sanjay, 'The Birth-pangs of Portuguese Asia: Revisiting the Fateful "Long Decade", 1498-1509', *Journal of Global History*, 11/3 (November 2007), pp. 261ff

●インタビュー

Hank Kaesner, retired global trader for McCormick & Company, 3 May 2007

●スパイスについてもっと知りたい方のために

『スパイスの歴史』を執筆するにあたり，私は，古代の文献から現代の歴史書にまで，さまざまなジャンルの出版物から情報を集めた。それらについてはこの「参考文献」にまとめてある。インターネットも調査して，そこで見つけた興味深い事実を厳選し裏付けも取ったが，読者のみなさんにはぜひ，インターネットの情報にとらわれすぎることなく，古くからある書籍や，映画などの視聴覚資料もぜひご覧いただきたい。たとえば，カルチャー・ミュージック・クラブのアルバム『スパイス・オブ・ザンジバル』や，インドのコショウ工場の労働者を描いた映画『ミルチマサラ』(1985)，イスタンブールでスパイス店を営む祖父を持つ，ギリシア人の少年の物語『タッチ・オブ・スパイス』(2003)，小説『スパイスの女王』を映画化した作品（2005年）などがある。

サルマン・ルシュディの小説『ムーア人の最後のため息』は，インドマラバル海岸のスパイス商人一族の１世紀にまたがる物語。フランク・ハーバートの『デューン』シリーズはSFの世界におけるスパイスの可能性を追究している。スパイスはすぐれた詩にも登場する。ジョン・ドライデンの「アンボイナ」，「アストラエアの帰還」，「驚異の年」は貿易とスパイスをテーマにした詩。ロマン派の詩

人エミリー・トレベネンの『小さなダーウェントの朝食』もお勧め。近年の作品ではマイケル・オンダーチェの官能的な『シナモンむき師』などの詩が挙げられる。ティモシー・モートン著『スパイスの詩学』という本もある。最後に，旅はいかがだろう。旅を通じて，人はさまざまな背景の中でスパイスを直接体験することができる。ときには，古代のスパイス商人の旅を再現した，原始的な体験を味わうのも一興だろう。

用語集

砂糖，スパイス，素敵なものみんな
女の子はそういうものでできている。
――『マザーグース』

スパイスと分類される植物はたくさんある。本書の用語集では，世界的に普及しているスパイスを取り上げた。キャラウェイ，ゼドアリー，アサフェティダ，ジュニパー，ガランガル，ニゲラ，ポピー（ケシ），クベバ，スーマック，アジョワン，フェネグリーク，ワサビ，ポメグラネート，マーラブ，スクリューパイン，カレーリーフ，マンゴーパウダー，カフィルライムなどのスパイスについてもくわしく知りたいと思われる方もいらっしゃるかもしれない。（［……］は翻訳者による注記）

アニス Anise　キャラウェイ，クミン，ディル，フェンネルなどの仲間。東地中海地方および中東原産。中世にはヨーロッパ中で栽培されていた。古くから消化薬として利用され，とくにたっぷりとした食事の後に重宝された。口臭薬としても効果がある。またカンゾウに似た風味があるため，フランスのアニセット，トルコのラク，南米のアグアルディエンテ，ペルノーなどのリキュールや蒸留酒にも利用されている。中東やインドではスープやシチューにも入れられている。

アレッピーペパー Alleppey Pepper　アラビア海に面する良港を備えた，インド南西部マラバル海岸，ケララ州産のマラバルペパーの一種。ケララ州南部で栽培されたマラバルペパーは古くからアレッピーペパーと呼ばれていた。

オールスパイス Allspice　西インド諸島，中南米原産。フトモモ科の常緑樹。コロンブスがヨーロッパに持ち帰ったとき，コショウと勘違いしていたため，スペインではピメンタ（コショウ）と呼ばれている。トウガラシ同様，新世界固有のスパイス。オールスパイスは，基本的にピクルス，ソーセージ，ケチャップ，肉の缶詰などの製品に使われている。スパイスティーにブレンドしたり，スープやカレー，ピクリングスパイスに入れたりすることもある。

カシア Cassia　シナモンによく似ているが，質が異なる。カシアの樹皮は，色が

濃く，表面はざらざらして厚く，コルクの樹皮に似ている。シナモンより安価だが，シナモンとして売られている場合も多い。シナモンとカシアのスティックを比べてみると，シナモンが一方向に巻かれているのに対し，カシアは両側から中心に向かって巻かれている。カシアはミャンマー，南アジア，東南アジア，東インド，西インド，中央アメリカで栽培されている。

カルダモン Cardamom　古くから南インドやスリランカなどの熱帯雨林地域に生育し，今日では東アフリカ，中央アメリカ，ベトナムでも栽培されている。インドで古くから珍重され，古代ローマ人や古代ギリシア人も消化薬，香料，口臭消しとして用いていた。古代エジプトでは，歯を白くする効果があるといわれていた。樟脳やレモンのような香りがあり，ガラムマサラに欠かせないスパイス。アラブではコーヒーに入れたり，スカンジナビア半島の国々ではパンやペストリーに使ったりしている。

ギニアペパー Guinea Pepper　別名「パラダイスグレイン」（西アフリカ原産のため）。「メレグエタペパー」ともいう。ピリッとした辛味がある。ポルトガル人がインドに到達し，マラバルペパーがヨーロッパで簡単に手に入るようになる前は，西アフリカの海岸は「胡椒海岸」と呼ばれていた。

クミン Cumin　コリアンダーによく似た1年生植物。ナイル河谷原産であったが，早くから北アフリカのほかの地域に，そして小アジア，さらに東のイラン，インド，インドネシア，中国へと広まった。アフリカからスペインにも移植され，その後アメリカ大陸に渡った。温暖な地域に適するが，はるか北のノルウェーでも栽培が可能。コリアンダー同様，インド料理に欠かせないスパイスで，カルダモンと一緒にガラムマサラに入っている。ドイツとフランスではケーキやパンに，オランダとスイスではチーズにも入っている。香水やドイツのキュンメルというリキュールの香り付けに用いられる。

グリーンペパー Green Pepper　コショウの木の未熟な実から作られる。未熟の実を摘み取り，乾燥させるか，酢か塩水か水につける。ブラックペパーやホワイトペパーに比べてさわやかな風味で，辛味が少ない。

クローブ Clove　しばしば香料諸島と呼ばれるモルッカ諸島（現在はインドネシアに帰属）北部原産。今日では，ブラジル，西インド諸島，モーリシャス，マダガスカル，インド，スリランカ，ザンジバル島とペンバ島で栽培されている。

香料諸島 Spice Islands　モルッカ諸島ともいう。スラウェシ島（旧セレベス島）とニューギニア島に挟まれた東インドネシアの群島。3つの大きな島と，いくつかの小さな島，それよりさらに小さい島から成り，その中のアンボン島，テルナテ島，ティドレ島は，スパイス戦争の主戦場となった。

コリアンダー Coriander　東地中海地方原産。古代エジプトの書物や聖書にも登場する。現在は，東ヨーロッパ，中東，インド，イラン，アメリカ，中央アメリカなど世界各地で栽培されている。葉はハーブとして用いられる。白またはピンクの花から生じた実を細かく挽いて，カレー，肉料理，ピクリングスパイス，パン生地などに入れる。フランスではア・ラ・グレックという野菜料理［ギリシア風という意味。野菜をさっと煮て冷やす，シンプルでさわやかな料理］の味つけに使う。種から作られた精油はチョコレートや飲みものの風味づけに用いられる。

サフラン Saffron　文句なく，世界でもっとも高価なスパイス。10万本から25万本につき約450グラムしか採れない。もともと小アジアの近東でペルシア人が香料や染料として利用していた。秋になるとユリに似た青紫の花を咲かせる。花の中心に，3本のあざやかな赤い雌しべがある。これがスパイスの原料となるサフランの糸。粉末状のサフランは混ぜものの心配があるので，糸状のものを購入するのが望ましい。サフランは，料理に独特の香りとほんのりとした苦味を与え，料理を鮮やかな金色に染めるため，フランスのブイヤベース，イタリアのリゾット，スペインのパエリアには欠かせない。ただしごく控えめに用いるのがよい。高価だからということもあるが，入れすぎると薬っぽい味になってしまう。インド料理ではピラフやビリヤニなどの米料理に使われる。

サラワクペパー Sarawak Pepper　独特の風味があるため，世界中の多くのシェフに愛用されている。さわやかでピリッとした味に加え，「香ばしい」味がするという人もいる。ホワイトペパーは色が均一で，ブラックペパーよりさらに味がはっきりしている。ボルネオ島北西部原産。マレーシアのコショウの90パーセント以上にサラワクペパーが入っており，ほとんどがイギリス連邦に輸出されている。

シナモン Cinnamon　スリランカ島（旧セイロン）原産。クスノキ科の常緑樹の樹皮から作られる。

ショウガ Ginger　もっとも古くから重宝されているスパイスのひとつ。熱帯アジアで栽培されていた。紀元前5世紀に活躍した孔子の『論語』にもショウガに関する言及が見られる。古代エジプト，ギリシア，ローマでもよく知られていた。ビタミンCが豊富なため，中国の船乗りたちは壊血病の予防にショウガを食べた。1世紀の終わりには，ヨーロッパで広く用いられていた。大発見時代，ポルトガル人によって西アフリカへ，アラブ人によって東アフリカへ，スペイン人によって新世界へ伝えられた。ショウガの根は運搬が容易であるため，今日ではほとんどの熱帯地方で栽培されている。生のショウガは，根茎を洗って，

乾燥させてからすりおろしたり，挽いて粉末にしたりする。生のまま保存するときは，酢漬けにしたり，シロップ漬けにしたりする。ドライジンジャーは，ゆでて，皮をむいてから乾燥させる。アジアでは，ニンニクと一緒に料理に入れる場合が多い。カレー粉に入れたり，ケーキ，プディング，クッキー，アジア諸国の野菜料理に使われたりする。ジンジャービール，ジンジャーワインが人気の国もある。英語で「ジンジャー・アップ」は，元気づけるという意味。100年以上前，スパイスに目がなかった作家W. M. ギブスは，ショウガへの愛を表現するために次のような詩を書いている。

黒いショウガ，白いショウガは
凍える夜も体を温めてくれる
ショウガがなければ，どれだけ多くの人が
幼い妹のジンジャークッキーを恋しがることか。

スパイス Spice　熱帯植物の根，樹皮，花，種子などの芳香のある部分。トウガラシ，バニラ，オールスパイスなどの例外を除き，ほとんどのスパイスはアジア原産。

スリランカ・ブラックペパー Sri Lankan Black Pepper　灰黒色のコショウで，ランポン・ブラックペパーよりずっと辛い。

タマリンド Tamarind　タマリンドのルーツはアフリカの熱帯地域。いまもスーダン全土に自生している。インドに伝わったのが非常に早かったため，インド原産と考える人も多いようだ。中世にはアラブにも普及していたため，喉の渇きを癒やすおいしい飲みものとして，十字軍兵士たちによってヨーロッパに運び込まれたのだろう。果実は，熟すと茶色くなる曲がったさやの中に入っている。インドや東南アジアでは酸味を出すために，レモン汁やライム汁の代わりに用いられる。おだやかな便秘薬として利用しているところも多い。中米や南米には，タマリンドの果肉，砂糖，水から作ったジュースがある。さやの中の繊維はジャムやチャツネの酸味づけや肉料理の味つけ，魚の酢漬けに使われる。繊維と砂糖を混ぜたものをさまざまな形に成形したお菓子もある。繊維は，真鍮や銅磨きにも使われる。塩少々を加え，水に溶かしてから金属を磨く。イギリスがインドを支配していた時代，イギリスの兵士たちは，現地人の村に入るとき，護身のために生のタマリンドを耳に詰めたという。インド南東部の人々は，タマリンドの生の実に悪霊がやどっていると考えていたので，そんなものを耳に詰めた兵士たちを避けた。

ターメリック（ウコン）Turmeric　ショウガ科の植物。熱帯地方で栽培され，美しい金色のために，かつてはサフランの代用品として珍重された。今日では，

麝香（じやこう）のような香りのために，おもにカレー粉に用いられる。また，僧侶の衣の染料としても利用されている。太平洋の島々では，昔から魔力を持つと信じられており，悪魔除けのために身につける人もいる。インドでは魚，卵，家禽，肉などの料理やカレーに使われている。西洋では麝香のような香りとピリッとした苦味のために，ジャム，マスタード，レリッシュ［ピクルスの一種。キュウリ，キャベツなどを刻んで甘酢漬けにしたもの］，サラダ用ドレッシングなどに入れられている。

テリチェリーブラックペパー Tellicherry Black Pepper　インド，マラバル海岸南東端ケララ州の北西地域で栽培されているブラックペパー（マラバル海岸の南に位置するアレッピーの反対側）。1683年，イギリス東インド会社がこの場所に工場を建設した。テリチェリーペパーは，マラバル産のほかのコショウに比べて粒が非常に大きいため，高い値がつく。芳醇な味わいがあり，大粒で目立つことから，イタリアのソーセージ・メーカーはサラミ作りにこのコショウを好んで使う。

トウガラシ Chilli Pepper　トウガラシにはたくさんの種類がある。もっとも一般的なものがトウガラシ種 *Capsicum annuum* で，ピーマン，パプリカ，ハラペーニョなどがこれに含まれる。キダチトウガラシ種 *Capsicum frutescens* にはカイエンペパーやハバネロ，シネンセ種 *Capsicum chinense* にはもっとも辛いハバネロとスコッチボネットがある。南米産のロコト種 *Capsicum pubescens* のロコト［見た目は小さなピーマンのようだが，果肉と種子がきわめて辛いトウガラシ］，黄色トウガラシ種 *Capsicum baccatum* のアヒ・アマリージョ［ペルー，ボリビアなど南米の料理には欠かせない香辛料。ロコトほど辛くない］などもある。

ナツメグ Nutmeg　インドネシア，バンダ諸島原産。樹高が20メートルに達する常緑樹。現在は，カリブ海諸島でも栽培されており，とくにグレナダ島で生産がさかん。

バニラ Vanilla　中央アメリカ，メキシコ南部，西インド諸島原産。スペイン人征服者コルテスとディアスが，アステカ人がバニラを使っていることを最初に記録した。コルテスはバニラとココアをスペインに持ち帰り，まもなくヨーロッパの人々はチョコレートにバニラを入れて飲むようになった。温室でバニラの栽培を試みた人もいたが，うまくいかなかった。19世紀になって，熱帯性のつる植物になるバニラビーンズは，メキシコにしか生息しないハチなどの昆虫によって授粉されていることがわかった。1836年，ベルギー人チャールズ・モランがバニラの人工受粉の仕組みを発見し，フランスが，フランス領だったマダガスカル島や東アフリカ沖のレユニオン島でバニラの栽培をはじめた。そ

の後，アメリカ人がケーキ，カスタード，プリン，アイスクリームに手軽に使えるバニラ・エキストラクト［バニラをアルコールに漬け込んでつくった香料］を発明した。現在バニラとして販売されているものの大半が，エキストラクトかバニラ・エッセンスという合成化合物だ。ただし，細長く，しわがより，こげ茶色のバニラのさやは，非常に用途が広く，ミルクやソースなどに浸したあとも洗って乾かせば何度でも使える。使ったバニラのさやを砂糖壺に入れておくと，砂糖に香りが移ってバニラシュガーになり，バニラのさやも再利用できる。

ハーブ Herbs　木茎を持たない，1，2年生植物。

バンダ島とアンボン島 Banda and Amboina　モルッカ諸島のスパイスの原産地。香料貿易の覇権をめぐり，オランダとポルトガルが競争していた時代はおもにナツメグを栽培していた。

ヒハツモドキ Piper Retrofractum　南インド原産のロングペパー（Piper Longum）とよく似ているが，こちらは東南アジア，おもにインドネシアとタイで栽培されている。ロングペパーと区別されない場合も多い。

ピンクペパー（ポワブルロゼ）Pink Peppercorns　一般に，ウルシ科コショウボクの木の実を乾燥させたもので，本物のコショウではない。まろやかな味わいで，フランス料理によく使われる。

ブラジルブラックペパー Brazilian Black Pepper　ブラジル北部パラー州の州都ベレン一帯で栽培されている。インド産やインドネシア産のものに比べて油の含有量が少ない。

ブラックペパー Black Pepper　ブラックペパーは未熟の実を乾燥させて作る。インド西南部マラバル海岸が原産地。

ペナン・ブラックペパー Penang Black Pepper　マレーシアペナン州，マレー半島西岸4キロ沖にあるペナン島（旧プリンス・オブ・ウェールズ島）原産。イギリス領マラヤの最初の植民地だった。ペナン・ブラックペパーは，鶏肉のブラックペパーソース炒めなど，たくさんのマレー料理に使われている。ペパーミックスには一般に，マラバルペパー（重さのため），ペナンペパー（ピリッとした風味のため），スマトラペパー（色のため）が入っている。

ホワイトペパー White Pepper　ホワイトペパーは，ペパーの実の果肉と外皮を除いたもの。ソース，マヨネーズ，クリームスープなど，濃い色が好まれない料理によく用いられる。

マラバル・ブラックペパー Malabar Black Pepper　インド西南部ケララ州マラバル海岸原産のコショウ。アレッピーペパー，テリチェリーペパーをひっくるめ

て，マラバルペパーという場合もある。

ムントク・ブラックペパー Muntok Black Pepper　スマトラ島の東南に位置するバンカ島の港町ムントクにちなんでこう呼ばれるようになった。

ムントク・ホワイトペパー Muntok White Pepper　インドネシア，バンカ島原産。ムントクから出荷されている。おだやかな味。

メース Mace　茶色いナツメグの種を覆っている，仮種皮と呼ばれる緋色のレース状のものがメース。種からはがして，取り分けたものを「メース片」という。ナツメグ100ポンドに対してメースは1ポンドしか採れないため，メースのほうが高価。ナツメグより甘く，豊かな味わいがある。メースは乾燥させると色が薄くなるので，色の濃いナツメグを使いたくない料理に重宝される。

ランポン・ブラックペパー Lampong Black Pepper　インドネシアのコショウ産業の中心地である，スマトラ島西南部原産。アチェペパー，スマトラペパーともいう。

レモングラス Lemon Grass　東南アジア全域に生えている。古くから，インドの伝統医学アーユルヴェーダに取り入れられてきた。また東南アジア料理，とくにマレー，インドネシア，タイ料理には非常によく使われている。さわやかなレモンの風味があるためスープや煮込み料理に入れられる。魚料理や家禽料理と相性がよい。また，レモンに似た香りのために，石鹼，洗剤，香水，トイレタリー用品などにもよく使われている。

ロング・ブラックペパー Long Black Pepper　南インド，マラバル海岸北東に位置するデカン高原原産。古代ローマでは，ブラックペパーより人気があった。

フレッド・ツァラ（Fred Czarra）
国際教育コンサルタント。米国メリーランド州セントメアリーズ・カレッジ非常勤教授（世界地理、世界史）。著書、共著あわせて7冊の著作がある。

竹田円（たけだ・まどか）
東京大学大学院人文科学研究科修士課程修了。専攻はスラヴ文学。訳書に『アイスクリームの歴史物語』『パイの歴史物語』『カレーの歴史』『お茶の歴史』（以上原書房），『女の子脳男の子脳——神経科学から見る子どもの育て方』（NHK出版）。翻訳協力多数。

「食《しょく》」の図書館《としょかん》

スパイスの歴史《れきし》

●

2014年4月30日　第1刷

著者……………フレッド・ツァラ
訳者……………竹田《たけだ》 円《まどか》
装幀……………佐々木正見
発行者……………成瀬雅人
発行所……………株式会社原書房

〒160-0022 東京都新宿区新宿1-25-13
電話・代表 03(3354)0685
振替・00150-6-151594
http://www.harashobo.co.jp

本文組版……………有限会社一企画
印刷……………シナノ印刷株式会社
製本……………東京美術紙工協業組合

ISBN 978-4-562-05060-4, Printed in Japan

パンの歴史《「食」の図書館》
ウィリアム・ルーベル／堤理華訳

変幻自在のパンには、よりよい食と暮らしを追い求めてきた人類の歴史がつまっている。多くのカラー図版で読み解く、人とパンの6千年の物語。世界中のパンで作るレシピ付。　2000円

カレーの歴史《「食」の図書館》
コリーン・テイラー・セン／竹田円訳

「グローバル」という形容詞がふさわしいカレー。インド、イギリス、ヨーロッパ、南北アメリカ、アフリカ、アジアや日本など、世界中のカレーの歴史について多くのカラー図版で楽しく読み解く。レシピ付。　2000円

キノコの歴史《「食」の図書館》
シンシア・D・バーテルセン／関根光宏訳

「神の食べもの」と呼ばれる一方「悪魔の食べもの」とも言われてきたキノコの平易な解説や採集・食べ方・保存、毒殺と中毒、宗教と幻覚、現代のキノコ産業についてまで述べた、キノコと人間の文化の歴史。　2000円

お茶の歴史《「食」の図書館》
ヘレン・サベリ／竹田円訳

中国、イギリス、インドの緑茶や紅茶の歴史だけでなく中央アジア、ロシア、トルコ、アフリカのお茶についても述べた、まさに「お茶の世界史」。ティーバッグ誕生秘話など、楽しい話題が満載。　2000円

紅茶スパイ　英国人プラントハンター中国をゆく
サラ・ローズ／築地誠子訳

19世紀、中国がひた隠しにしてきた茶の製法とタネを入手するため、凄腕プラントハンターが中国奥地に潜入した。激動の時代を背景にミステリアスな紅茶の歴史を描く、面白さ抜群の歴史ノンフィクション。　2400円

（価格は税別）

ケーキの歴史物語《お菓子の図書館》
ニコラ・ハンブル／堤理華訳

ケーキって一体なに？　いつ頃どこで生まれた？　フランスは豪華でイギリスは地味なのはなぜ？　始まり、作り方と食べ方の変遷、文化や社会との意外な関係など、実は奥深いケーキの歴史を楽しく説き明かす。　２０００円

アイスクリームの歴史物語《お菓子の図書館》
ローラ・ワイス／竹田円訳

アイスクリームの歴史は、多くの努力といくつかの素敵な偶然で出来ている。「超ぜいたく品」から大量消費社会に至るまで、コーンの誕生と影響力など、誰も知らないトリビアが盛りだくさんの楽しい本。　２０００円

チョコレートの歴史物語《お菓子の図書館》
サラ・モス、アレクサンダー・バデノック／堤理華訳

マヤ、アステカなどのメソアメリカで「神への捧げ物」だったカカオが、世界中を魅了するチョコレートになるまでの激動の歴史。原産地搾取という「負」の歴史、企業のイメージ戦略などについても言及。　２０００円

パイの歴史物語《お菓子の図書館》
ジャネット・クラークソン／竹田円訳

サクサクのパイは、昔は中身を保存・運搬するただの入れ物だった!?　中身を真空パックする実用料理だったパイが、芸術的なまでに進化する驚きの歴史。パイにこめられた庶民の知恵と工夫をお読みあれ。　２０００円

パンケーキの歴史物語《お菓子の図書館》
ケン・アルバーラ／関根光宏訳

甘くてしょっぱくて、素朴でゴージャス――変幻自在なパンケーキの意外に奥深い歴史。あっと驚く作り方・食べ方から、社会や文化、芸術との関係まで、パンケーキの楽しいエピソードが満載。レシピ付。　２０００円

（価格は税別）